宁波市镇海区文化精品工程扶持项目"百年'食'事"成果

江南烟火

有滋有味的百年民间饮食

邹赜韬

著

上海社会科学院出版社
SHANGHAI ACADEMY OF SOCIAL SCIENCES PRESS

序

■陶飞亚

2023 年春节前，我的博士生邹赜韬将他拟结集出版的近现代民间饮食史札记《江南烟火——有滋有味的百年民间饮食》（以下简称《江南烟火》）的初稿寄给我。我拆开快递一看，赜韬这部书稿并不厚：共计 28 个章节、3 篇附录，小巧灵动，很有婉约江南的清秀美感。

谁知翻览过后，《江南烟火》给我留下了截然不同于"初见"印象的质感——这是一部"厚重"的书，"厚"在其着眼普罗大众的日常饮食生活，一定程度上拓宽了"珍馐大席""名厨绝技"框限的饮食历史主流。"重"则表现在《江南烟火》的较严谨考订、较丰富发现。赜韬用历史学的"看家本领"，在史料搜罗上下"笨功夫"，从而再现了百年民间饮食文化流变中的若干精彩"瞬间"，激扬了某些今人"日用而不知"的饮食民俗积淀。这是一位接受过系统历史学训练的青年可做的，更是一位对历史心怀敬畏与热爱的青年该做的。

江南，是明清以降中国各文化地理区系中，最贴近"美好生活"理想的一方天地。我虽生在山东，成年后 20 多年在山东求学和工作，对齐鲁之地也有一份浓浓的乡情，但追根溯源，自己还是上海嘉定人。这座水韵荡漾、历史绵长的古城，在我少年和青年时期的思想中刻下了深深的文化和民俗烙印，注入了江南的隽永与丰沃。嘉定各地众多的自然和人文景观都曾让我迷恋，但最能令"嘉定"、让"江南"内化于我，涌遍我周身的，还要数各色小吃——南翔小笼、草头塌饼、醋腌白蒜，我能报出名字的，或许仅是嘉定民间美味的极小部分，但它们之于我的舌尖味蕾，之于我的心头乡恋，是一个完整立体、温润入梦的江南。于是乎，当我摊开《江南烟火》，随着赜韬笔触体验百年前江南食肆灶间内的人间欢乐时，我的鼻腔里会不经意间飘满故乡嘉定的稻花醇香。久远而又未曾消散的历史就这样与我精神连接，共同喃喃着那枝与叶的款款深情。

我对《江南烟火》的"感同身受"，既来自故土眷恋，也离不开大地情怀。我做过整整 8 年农民，因而只要掬起一抔土，我会毫不犹豫地凑近，闻一闻，品一品其中散逸出的"地气"，那混合着青草味与丰收希望的气息。当年在嘉定下乡插队时，我被生产队委派为种西瓜的"老农"且连年夺得西瓜大丰收，全村老少在炎炎夏日大啖西瓜给我带来的成就感，至今想起仍深感自豪。这段农村的经历使我看待食物的眼光往往多了份农业视角。曾经看过一则笑谈，说某国个别青少年，平日里只在大型商超接触切成薄片的鱼。因而当一条完整的、会游动的鱼出现在面前时，她竟全然不知这就是平时佐餐的"鱼"。可笑又可叹！虽然这案例有些"极端"，但当代青少年与土地的疏离，的确是一个让我们这些长辈感到头疼的问题。

颐韬告诉我，他自幼长在都市，之前也时常面临"五谷不分"的尴尬。由此他"痛定思痛"，在考据、写作《江南烟火》各章节，以及探究其他食品、中药材历史之际，尤为关注食品背后的农业、农村、农民印记。我要给颐韬的这种想法点赞。虽然这方面书写必因时空差异而留有缺憾。但应当承认，其中表露的作者志气可贵，其内保存的农事记忆可贵，其间参与民间文化传承的实践可贵。

在我看来，从历史书写的专业视角审视，颐韬这部《江南烟火》，有两处值得肯定的优点：其一，本书较好地将中观的饮食史、江南史考察，落实到一则则具体食品、食俗的微观演绎上，由之搭建了条理清晰、层次连贯、内涵丰富的地域文化叙事体系，既言之有据，又"言之有情"；第二，本书"一面走进江南看江南，另一面'跳出江南识江南'"，坚持在跨区域比较视野中回望百年前的江南民间饮食，实现了饮食区域史与"整体史"、江南文化与中华文化的一种对话。这点帮助本书在地域"饮食民俗志"的记录维度之上，增益了几分探寻日常生活中文明演进的深度思索，应予以肯定。

2019年，颐韬来到上海大学随我硕博连读，转眼已近4年了。这些年，我对颐韬的基本印象是他勤奋笃行，读书练笔比之同龄人，甚为用功。这或许就是为何近两年他在连续发表学术论文的同时，还能挤出"零碎"时间，日积月累攒下这本并不算厚却有深度的《江南烟火》。值此付梓时刻，我要向颐韬表达诚挚的祝贺，也要敦促他初心不泯、戒骄戒躁、再接再厉。人类历史浩如烟海，我们学历史、做历史研究的人，穷尽一生至多也只能是从中"取一滴饮"。但是我们所做的事业，之于人类文脉薪火相传是有益的、意义重大的。这意味着，我们必须勤之又勤，方能汲取"一滴"；唯有努力再努力，才可透过"一滴"，产生丝缕灵感。这条路永无止境，愿赜韬不待扬鞭自奋蹄，踏踏实实走下去。

（作者系上海市历史学会副会长、上海大学青云书院院长、博士生导师）

一把毛豆与烟火江南：序《江南烟火》

"煮毛豆一份……"

如今在全国许多地方的路边摊大排档，煮毛豆和花生，几乎是夜饮者酒桌的标配，这样的声音不绝于耳。其实，南宋时即有此带荚煮豆的饮食传统，陆游《初夏行平水道》有"村店堆盘豆荚肥"句，景况跟今类同，大概煮的类似今日江南带荚的早青豆。明时苏州人周文华在《汝南圃史》中明确提出了采青豆煮食的做法及注意事项，也是目前可考文献中第一次提到"毛豆"："毛豆具青壳有毛，又名青豆……青采和羹及入水烧熟去壳啖，味俱甘鲜。"

豆作为中国最古老植物（早期典籍里称为"菽"），一直是中国最传统的食物之一，无论是作为主食还是菜肴。江南多食青豆，从初夏早豆到深秋晚豆，剥开的青豆，可以配伍丝瓜、茭白、某些咸菜、鱼、虾、肉等各种荤素食物，从乡下餐桌到城里盛宴，广为江南士农工商所喜爱。

但是，如果不是披览赜韬君这本《江南烟火——有滋有味的百年民间饮食》，我并不知道，煮毛豆这种古人早已明了、今天又大放异彩流行全国的饮食习惯（当然也包括江南人对青豆的挚爱），在近世竟然还曾被攻击为"破坏农业生产秩序"：

> 近现代报章文牍间，有不少批评卖青豆的议论，认为食用
> 毛豆扰乱了大豆生产秩序。1955 年 8 月的《人民日报》曾刊
> 登评论《吃青玉米和毛豆是浪费粮食的行为》："毛豆在有些城
> 市是菜农种下当菜卖的，但有些就是把农田里未成熟的豆子拿
> 来当新鲜食品出卖的，这也是一种很大的浪费。"

真是彼一时此一时。饮食习惯，实与时代同调。

作为美食大国，中国自古写美食者甚多，美食典籍和文章诗词
更是不可胜数。人们写美食，多是从食材性质、味道调和、食药同
源等角度，强调一方水土一方风味，应时而食，保健养生等，所持
也多是名家士人立场，被后世所津津乐道，也被视为一种不可置疑
的美食标准。我个人也喜欢美食，但却是平民化的美食观。出生江
南鱼米之乡的我，亲历过只能勉为温饱的童年少年时代，虽然知道
那些名家笔下的美食自有其理，但还是固执地坚持只有经历过饥饿
的人才能真正理解美食。这其实是一种被贫穷限制了想象力的美食
观。古人所言的"贫家食"，只有适时应景，鱼跃龙门，才能成为
"席上珍"。所以，我才对食材食物的演化史更感兴趣——救荒本草
何以成为寻常美食。

美食与时代的生产力水平、物质生活水平乃至文化审美趣味紧
密相关。仓廪唯实，人世间才有烟火气，才有能力外究食材之美，
内启个人味蕾，展开真正的美食之旅，奠定今人所信服追求的日常

饮食和美食基础。

　　赜韬君笔下的《江南烟火》，不仅是一个美食家的味觉所好之旅，也展现了一个历史学者的钩沉能力和严谨。书中所记录的江南诸味，从蔬果、饮品到饮食习俗，以近代图书、杂志、报章、调查报告等一手史料记载为基础，其中有食材的探索推广、物种的改良进化、气候和生活环境变化的影响，更有传统江南农耕文明向现代都市文明工业文明转型时期的消费记录……不仅记录了江南地区部分民间饮食旧貌，所谓百年来的"人民的饮食"，更是一部江南烟火人间生活的信史资料集纳。

　　人世间真正的美食，其实就是这样在生活和历史的浪潮中溯源传承而流芳千载的。其间虽也有遗失湮没，却也表现出时代更迭之下的创新推广，所谓与时俱进。

　　知历史，方能更好地理解现在、展望未来。一如《江南烟火》中所录的人们喜欢毛豆的，自由与不自由故事。

　　（作者系《中国周刊》《南风窗》原总编辑，著有《人民的饮食》《江南旧闻录·故园归梦长》等。）

目 录

夏

秋

冬

附　录

后　记

绪 章

四方"食海"里，何处是江南？

历史经济地理研究者常把"江南"这个词语视作明清时期的"八府一州"。所谓"八府一州"，通常意义上指苏州、松江、常州、镇江、应天（江宁）、杭州、嘉兴、湖州八府，以及苏南的太仓州。然而，参照长三角地区民众的生活经验，江南的空间外延，显然远远溢出了"八府一州"的划界——今浙江省的宁波、绍兴、台州、金华、舟山，今隶属杭州的部分严州府故地，以及苏中的扬州、苏北的淮安，均自认是，多数也被外界公认为"江南福地"。甚或皖南的徽州，浙南的温州、丽水，苏北的宿迁，也都或多或少地使用着"江南"的名号，或曰人文地理意象。

历史地看，江南在人们意识中取得的"扩张"，是一个积微渐进的复合过程。笔者对高逸凡博士撰写的论文《明代官方文书中的"江南"》梳理发现，最迟至明代，以江浙地区为主的广义"江南"概念，已然开始使用。时至近代，受区域经济、交通联动及随之而来的人员、物质、文化密切交往的影响，明清时期奠定的江南基本区域再次四向延展。括而言之，之于百年前先民们的日常生活世界，"江南"覆盖了长江三角洲地区的"半壁江山"，具体可对应到今日的上海市、江苏省中南部、浙江省大部分地区、安徽省东南部。

江南是中国历史研究谈之不尽的永恒议题，是中华文脉长流中取之不竭的人文宝库，也是数百年来中国日常生活演进最多元、民俗内容最丰赡的"中国人活法"展示窗口。江南研究，可赞叹"衣被天下"之大，可遥望港通四海之广，当然，也该俯察"江南之食"。10余年前，邹逸麟老先生在《谈历史上"江南"地域概念的政治含义》内叮咛："今天研究江南地区，研究其经济发展当然是首要的。但仅仅如此还不能全面了解江南的历史。"虽然邹先生此言更侧重政治史维度，但将其观点嵌套至饮食文化领域，无疑也逻辑自洽且意义深刻。

江南颇多物华天宝，历史上美食家群星璀璨，尤其在精致饮食方兴未艾的明清时期，俨然是惊艳菜肴的首创之地、各路风云美食的菁华荟萃所在，也因此跻身近500年间中国饮食文化知识谱系的重磅一席。周振鹤先生在《释江南》里极具慧眼地论道，江南除了是地域空间圈定，更"是一个文化概念——透视出一个文化发达所取得的范围"。若把此论挪借到饮食文化范畴，也完全行得通——明清迄近现代，江南地区的精致饮食传统在中国文化版图中奠定了"江南"二字的非凡地位，甚而在此后中华饮食文明的浩瀚大洋里，开辟了一座"万船来航"的人文"母港"。

然而，在"懂吃的"江南，不只富商巨贾、文人雅士会操办飨宴，普罗大众的日常饮食生活，也处处流露着江南人对吃的热爱、重视、在行。这绝不是说江南遍地黄金，人人都享有"酒池肉林"；

而是明清以降的江南人非常乐意，也有能力在平凡的一日三餐、小吃零嘴中调动巧思，融合各方食风、吸纳水陆食材，编织出了一幅丰富多彩，接地气又不俗气的民间生活图卷。当历史步入近代，空前的人口流动、交通勾连、碰撞对话，将一群群"爱吃"的普通江南民众连为一体，又把他们浸入传统与近现代饮食文化、饮食条件交融的语境。其间呈现的民俗景观，堪称璀璨的"江南烟火"。其中涌动的日常生活驱力，再度创造，或说更深入地诠释了一个格外"有滋有味"的宜人江南。

本书将回望 19 世纪末至 20 世纪中叶江南区域的民间日常饮食。总而言之，那将是一段以今上海市、江苏省中南部、浙江省大部分地区和安徽省东南部为空间设定的，针对普通人日常生活中各类民间食品、饮食民俗的重访之旅。

江南美食何其多，香醇扑面越百年

正式铺开百年前江南各色民间饮食的历史细节前，我们也要做些提纲挈领的统摄性思考：百年前的江南民间饮食，具有哪些相对本质化，同时又地域色彩浓重的特征？且循着若干饮食史料的生动记载，探察其究竟。

百年前，江南民间饮食最基本，也是最难能可贵的特征，便是"食源丰富"。近现代江南民间饮食的资源充裕，又在 3 个细化层面上得到了鲜明体现。

1928年《良友》杂志上的"粢饭"摊　　1928年《良友》杂志上的馄饨摊

1929年《大亚画报》上的城市街头挑担　1937年《每月画报》上的老虎灶兼营大
卖菜翁　　　　　　　　　　　　　　饼油条摊

1929年《联益之友》上的虹口三角地菜场外景

　　第一个层面是优渥地理环境与成熟农事基础造就了江南民间吃食的多元丰足。以水果为例，百年前江浙地区有不少果园，栽种了多种多样、品质良好的果树，在不同季节里轮番为民众献上甜蜜果实。1935年，《东南日报》所刊文章《苏物产最近调查》赞叹了江苏，特别是苏南水果生产之兴旺发达："洞庭之枇杷，吴江、龙华之水蜜桃，南京之樱桃石榴，太仓之蟠桃，宜兴之栗，均属远近驰名。"与之呼应，在百年前的江南地区，还涌现出江苏洞庭、浙江塘栖等驰名在外的"果篮子"。水果几乎是当地农户的主要收入来源，而产自那里的水果，也遍销长三角各中心城市。1948年，《新闻报》主笔实地走访后，总结了塘栖的果业盛况："塘栖，是杭州的'果盘'，所产的水果很多，如桃、杏、杨梅、樱桃、梅子、枇杷、柿、甘蔗等，产量很是丰富。"

　　第二个层面是四通八达的交通设施与畅通快捷的商贸网络，让江南民间饮食"在江南，聚中国"，荟萃了区域外的诸多人间美味，堪称当时中国民间饮食精髓的"活的博物馆"。江南区域内的美食，更是在上海这座长三角中心城市云集汇聚。1946年，北平《时代生活》杂志有些艳羡地赞许道："集吃之大成的上海，论地有杭、苏、川、粤的饭馆，甚至于连专卖保定府火烧熏鸡、北平蒸饼的，都有好几家。"1938年，《上海生活》月刊，历数了人们漫步在黄浦江畔时，能够不期而遇的百千大众美食："咸泡饭、肉馄饨、油氽小馒头、肉丝面、鸡丝面、什锦饭、镇江小肉、叉烧、酸梅汤、小笼馒头……"，令人眼花缭乱。一同被致密人、物流网络串联的，还有中心城市近郊的小吃、农产。1936年，《立报》评点了上海近郊的特产食品，上榜者包括"高桥松饼、南翔馒头、周浦豆腐干。水果方面亦有龙华桃子、三林塘西瓜"。其中不少食物，都是老上海郊游、下乡时要留心尝上一尝的。可以说，旧日里"足不出沪"即可遍尝江南各种美食。

第三个层面是寒暑分明的气候条件、讲究应季饮食的民俗传统，共同形塑了百年前各式各样的，依次登上江南民众餐桌的"当令食品"。时间前行，食品跟着上市落令，一年四季绝少重样，颇为丰富。就以寒暑天刺激下盛行的消夏及御寒食品为例，百年前的江南人仗着可口又便宜的清凉食品熬过酷暑炎夏。1937年，上海《现代家庭》杂志择其中最为大众者做了概括性介绍："除以西瓜认为消夏凉伴外，余则皆以绿豆汤为消夏不二法门。"暑去寒来，江南民众也擅长利用食物温暖霜雪覆盖的漫漫严冬。1926年，《时事新报》谈及了江苏省"宜兴、崇明一带出产很多"的山芋：冬日里，江南地区百姓会食用"烘山芋、重糖桂花煮山芋、葱油豆腐干煎山芋"等花色众多的山芋小吃、山芋菜饱腹暖胃。

百年前江南民间饮食的第二个特征，是从料足价廉的"地摊食物"，到惬意消闲的"小馆美味"一应俱全，"俗"与"雅"并行不悖。

江南的平民百姓常有机会在街头与质优价廉的美味撞个满怀。1938年，《益世报》记者由衷称赞了上海街边"地摊食物"的多样与发达："街上有许多平民食品，称得起价廉物美。像冬天的烤白薯、春天的糯米藕"。在1936年《大公报》刊出的饮食民俗采写"上海小吃摊巡礼"中，上海街头的豆浆、粢饭、凉面等"接地气"

美食相继向读者讲述了它们缔造的"烟火"上海。《大公报》主笔这样形容平民小吃——凉面，之于大上海的意义："马路上的凉面担子，就是专为这些在马路上工作的人们而设的。整日奔跑的黄包车夫，终日叫喊的小贩，都是凉面担的经常主顾。饿了得吃东西，口渴了，得饮冷品。凉面又能饱肚皮，又能解渴，在夏天，是一班劳动大众唯一的食物。"

论食品精致程度与日常休闲氛围，百年前的江南民间饮食更不会输给其它地区。这点在1937年《铁报》对扬州茶馆展开的"写生"里显现得淋漓尽致。文章主笔"由干丝、烧卖说起，直到汤团、烧饼，各样的小吃，细细数来"。镇江地区食客"早晨所吃的肴肉，有'眼镜儿'与'剔灯棒'之分。上午的蟹粉汤包，下午的三鲜汤包"，其品类划分之细，让人瞠目咋舌。与镇江相似，"苏州的茶馆，更是买零食者的唯一市场，瓜子、花生米、豆腐干、酱牛肉，以及各种糖果糕点，应有尽有，保管你坐在那里，一天到晚嘴里没有空的。"

百年前，江南民间饮食的"俗"与"雅"，各居特色，相互融通。许多食品集民俗功能、家常吃食于一身，可赏外观，可品滋味。1949年，上海《家庭》月刊就形象地展示了"油煎团子"的双重属性："糕团店中所售粉红色无馅桂花团子，大抵是专供人家送满月或寿礼之用，最宜切片煎食。色泽既佳，味亦可口，较猪油白糖桂花年糕更胜一筹。"

近代江南民间饮食的第三个特征是"亚区域特性"显著。

百年前，见于市面上的部分江南民间饮食，由于携有原产地味觉基因，因此主要服务于能够适应其味觉习惯的，特定籍贯的乡缘人群。1924年，《时事新报》某撰稿人惊诧地写道："宁波传来的臭苋菜梗，吃的时候，臭味触鼻，真是不堪领教。不知道一班口味特别的上海人，何以吃得津津有味哩！"类似让人忍俊不禁的江南内部饮食文化差异"喜剧"，简直不胜枚举。1947年，某宁波籍《风报》作者在上海家中用红烧带鱼、血蚶、醋熘鲨鱼、炝蟹等故乡菜，招待了扬州宾客。席上，扬州客人不知怎样剥开蚶子，"竟在两介连和的屁股部分，拼命用力，看得我家里的人，全都失笑。"

与此同时，在近代江南地方性美食汇聚度最高的上海，多数民间食品的经营，都具备"同乡办同业"的规律。1929年，《社会月刊》主导的一项调查显示："沪上业面馆者，可分三派，即苏帮、徽馆及'京沪翔帮'（合南京、上海、南翔所营面馆）是也。苏帮约有百六七十家左右，徽馆则在二百家以上，'京沪翔帮'亦有六七十家。"这极清晰地呈现了"老乡帮老乡，同乡卖家乡"的经营特征。上引材料并非孤证，譬如近现代上海早餐界的"元老"级吃食——大饼油条，长期以来由宁波籍摊贩彻底垄断，他们还成立过统合管理该行当的同业公会。

百年前，江南民间饮食的第四个特征是善于"粗食精做"，有如施展魔术般实现普通食品、一般食俗在经济、文化、生活意义上的"变小为大"。

或许今人难以想象，在近代江南地区，曾有寄居商店门前、借地卖臭豆腐的小贩，凭着一手好厨艺过上了穿金戴银的"富贵"生活。还有更多的相似案例讲述了售卖普通小吃的摊贩勤劳致富，聚沙成塔，从街边贩夫逐步晋级名店主人。譬如在 1937 年的《铁报》里就能一睹"诸老大"粽子的发家传奇："诸家的粽子，是湖州一县中，在小吃上算是最出名的一种出品。它的店，现在开设在城内。从前是一个手提桶子的叫卖者，因为它所裹的粽子，始终是那么精细讲究，所以就这样出了名气。到现在已经很多了几个钱，而且做着老板了。"从沿街叫卖的小贩到开店的老板，诸家依靠粽子实现了致富，并且成为绵延百年的老字号品牌。

百年前，江南民众的一双巧手，精通从边角料甚或废料里"淘出"新食品的节约之道。1934 年，《读书周报》描述了江苏溧阳地区春酿"乌饭酒"的传统，这便是民俗节庆食品"全程不浪费"的经典案例。乌饭见于江南多地，系用乌饭青草汁染糯米制成，其"形如黑墨，故称为乌饭。溧地每至四月八日，有'乌饭会'之举"。在"乌饭会"上作民俗祭物之用的乌饭，除直接食用掉部分外，亦会由当地酿酒者挑选一些，拿去制造"色灰黑、味之甘鲜不能言妙"的"乌饭酒"。而在"乌饭酒"酿造过程中，"除去的饭渣，亦可食，并非废物"，这些酒糟是很好的天然芳香调味料。

江南民风，长期注重在富裕中保持勤俭。因而当某项饮食活动能以更简约方式实现时，精明能干的江南民众，定会选择更低成本的美好享受。1929 年，一位上海食客在《时事新报》上直言"从前铜器店有一种吃蟹的铜器，共十件，表面上虽好看，实际上用处也不多"。为不再替外强中干的"道具"埋单，深谙吃蟹之法的民间高手，创造出了简易而实用的取肉工具："在城隍庙或别的杂货担上，买一枝刮浆刀，或自己用竹削一根蟹剔子，自己削的比较合用。长约五寸，形式略同鹅毛。一端细而尖，一端同舞台上快刀差不多。尖的用来推取蟹腿的肉，另一端用来刮取脂黄。只这样一根小小的竹枝，已经够我们吃蟹用了。"

以上提炼、演示的近代江南民间饮食特征，既贯穿本书的每一段故事、每一则案例，也深刻影响着江南饮食文化圈的自我认同、历史认同。近现代江南前衔明清、后连当代的民间饮食基调和风格，正是本书所绘写的百年前江南民间饮食烟火气息的源头活水、人文暖流。

美食图卷渐次展，江南烟火徐徐来

本书将如何展开？本书是在充分尊重史实前提下，以灵动随笔形式展现百年前江南民间饮食的丰富面相。有鉴于此，笔者希冀本书同时成为考索近现代江南民间饮食遗珍的"志"；重演江南先民饮食习俗与食物生产、消费各环节故事的"史"；伴随读者重温江南民间饮食亲切旧貌，唤醒今人饮食寻根意识，激发人们对江南民俗文化认同或认可的饮食"家书"。

本书题名里的"烟火"，指民间饮食的烟火气。全书中心内容是百年前江南城乡百姓所创所享的民间食品、食俗、食业（包括食品种养、贸易及城市大众饮食服务业）。诚如古语"极高寓于极平"，百年前，江南民众的饮食对象和饮食活动并非彻头彻尾的"土里土气"。平凡的饮食承载着颇可寻味的饮食文化实践。考虑到这点，本书聚焦的江南民间饮食，适当外拓了群体范畴，将奢靡之下、充饥之上（指纯粹饱肚的粗糙主食）的各类民间饮食现象，一律纳入叙述。另一方面，时至百年前，跨区域市场流动的频繁，早已将许多源自不同地方的特色饮食紧密联结。有些南北皆有的物产又在不同地域饮食风格的对撞与对话间，创生出了差异性与交融性和谐共存的饮食民俗景观。因之，本书对"江南烟火"的书写，亦需适度展示江南以外地区的饮食记忆。唯其如此，方能达致，更确切地说是持续接近近代江南地方饮食的真实图景。

本书的主要旨趣，或曰观察重点有四：第一，自地方特色鲜明的物产着眼，考察百年前普通江南百姓通过饮食与脚下土地建立的物质和情感联系。第二，回顾我国重要传统节庆以及特定节气中的江南民间饮食，抽绎一种首重人文体验、合乎自然时令的，朴实与精致相辩证的饮食文化形态。第三，发掘被主流饮食史边缘化的"小民"，特别是那群在城市日常运转过程中为普通市民提供能量补充与美好慰藉的食摊小贩，他们喧腾起来的吆喝声、锅里噼里啪啦的油迸声，都是城市民间饮食最经典、最富烟火气的一景，理应在民间饮食谱录中占有一席之地。第四，也是本书尤为在意的关怀，是要把江南民间饮食的一些"前因后果"讲出来，把田地里、树梢上的辛勤，把曲曲折折的加工过程与运输路线，把近代商业广告、大众食谱的激励与推介，一并绘入江南民间饮食的百年图卷。

本书注重夯实史料基础，写作各章时均搜罗了一定数量且各种层次众多的历史文献，具体涵盖了晚清民国时期的各类报纸、生活杂志、专业期刊、图书著作、地方志，以及 20 世纪中叶的各类食谱出版物、科学报告、民间调查笔记等。某些章节为尊重民间饮食文化发展脉络整体性，适度将叙事上限前推至明清时期，因此也调用了若干明清文人笔记、地方志史料。另有个别章节谈及近现代江南地域食品海外传播的历史，其中援引了英、法、日等语种的外文史料。这些种类丰富的历史文献是本书再现近代江南民间饮食历史样貌、重新演绎百年前江南民间生活绚烂图景的重要依凭。

笔者承认，由于百年前民间饮食现象的缔造者，多数不具备基本读写素养，也罕有保存自身实践经历的历史记录意识。因而本书对百年前江南民间饮食的考述，还是立足知识阶层所撰文本而展开的。幸运的是，在社会思潮与传媒变革合力牵引下，百年前诸多有关民间饮食的文章记述，都脱胎于当时当地的识见，是实打实的、细致入微的饮食民俗"采访录"。这个特性使得本书引用的史料相对贴近民间日常，也较为契合历史真实。

本书共二十八章，遵四季时序，分为春、夏、秋、冬四部，另有附录三篇，收录了笔者自著、与他人合撰的三篇"跨季性"近代江南民间饮食史札记。为便利读者，营造轻松自然的阅读氛围，本书征引文献概不出脚注，而是在行文间提示材料的文献来源、发表时间、史料性质等基础信息。本书所利用的各项素材，基本源于笔者搜寻、翻阅、眷录的相关资料，在勾画宏观江南饮食文化背景、辨识地方特殊饮食现象时，亦参阅了若干现当代学术著述。

笔者真切期待本书钩沉的江南民间饮食旧事，能在对长三角区域饮食文化积淀有所补益的同时，亦为多主体、更立体的江南文化保护和传承弘扬，奉献些许历史材料和民俗话题。刘士林教授在

《江南文化资源研究》一书里，曾对江南饮食文化的活态保护和发扬光大寄予厚望。他特别建议，应在江南饮食文化积淀里"挖掘生动有趣的饮食习俗"，这恰是小书致力求索的方向。笔者很期待本书能为一个更立体丰满、更具人文魅力的江南形象，补充一个"烟火气"十足的日常生活"底面"。希望在不远的将来，某些隐匿已久的江南百姓饮食能芳华再现；更期盼在相对遥远的未来，我们仍能在纸面之外，一览江南民间饮食风俗的百般美好。

囿于笔者学力及史料不可规避的"主观色彩"，本书涉及的某些史实或有舛误，对一些饮食民俗的梳理、展示，未必透彻清晰。与此同时，本书对江南民间饮食物质、文化现象的描述、阐释，多置于史料所居的时空断面内进行，因而笔者虽有心勾勒相关饮食现象的历史变迁轨辙，却更多还是谨遵历史科学"有一分材料说一分话"的总纲，实事求是讲好"一个阶段"的故事。对于那些确实可考、路径清晰的民间饮食变迁，笔者也是依从寓目史料所记，呈现时人见证，尽可能规避后来者的二次解读，力求原汁原味地局部复原、展现"江南烟火"。对于行文中遗留下的疏漏，笔者深感抱歉，并诚挚祈请各位方家不吝指正。本书既希望得到民俗学界、江南文化界、饮食史学界专业行家的斧正，也衷心希冀向拥有丰富江南日常生活经验，能直接用小日子"道老古"的前辈们请益。某种意义上讲，本书就是老一辈江南民众的日常生活侧写。因此之于本书而言，前辈们的亲身经历，定比史料更有发言权，他们必然所知更深、所述更丰、所爱更真。希望本书能无违他们的常识，无愧他们传递给我们的那个"共有的"江南。

江南烟火

春

第一章
讨彩美食吉祥年：老上海与近邻的春节食谱

新春佳节，男女老少都爱互道吉利话，祈愿平安喜乐，诸事顺遂。除了口头书面的讨彩头，中国人也热衷于将新春祝愿融入美食之中。一道道寄托美好心愿的菜肴点心，让春节的餐桌喜气洋洋，祝福着祥和欢乐的吉祥中国年。这方面，会吃的上海人尤其擅长发挥想象，老上海与他们近邻的春节食谱里，处处有讲究，点滴都喜庆。

八宝饭、元宝茶、元宝鱼、元宝菜

说到讨彩的上海新春美食，"宝"是万变不离其宗的"关键词"。

第一个"宝"是八宝饭，寓意丰足发财，甜蜜幸福。八宝饭的"八宝"并不呆板规矩，烹饪者可依照口味，参考物料行情，拟定各具特色的"八宝"。1911年，《俞氏空中烹饪：教授班》杂志给出的八宝饭食谱，将"八宝"定义为"糯米、豆沙、糖莲子、红瓜、青梅、瓜子仁、蜜枣、桂圆"。而在1929年《大常识》杂志的八宝饭教程里，"八宝"则是"白糯米、玉盆、芡实、桂圆、贡枣、蜜樱桃、桂花、莲子"。到了 1940 年《现代家庭》杂志介绍八宝饭时，八样食材已大大简化，增添了葡萄干这类传统海派八宝饭里不常添加的新食材。不过无论食材怎么变换，八宝饭在老上海人心中的年菜地位始终不曾撼动。笔者外公是客居宁波的老上海，虽离乡多年，前几日准备年夜饭，他报出的第一个菜名还是八宝饭，把它看得比"正菜"还重要。

第二个"宝"是元宝茶。1946 年，《立报》将喝元宝茶与"喊恭喜发财"并列为上海春节期间祈福财运滚滚的重要仪式。所谓元宝茶，其实就是在绿茶里添入两颗冰糖橄榄，取橄榄的元宝象征，求个财运。1919 年农历正月初七，《新闻报》对上海元宝茶习俗介绍道："沪上各茶肆自元旦（即农历正月初一）起，每家必卖橄榄茶，或五日，或十日。"1929 年，《大常识》提醒读者，春节期间去茶馆喝元宝茶时，别忘了赏给茶倌些小费："大概起码四角，多则一元"。1937 年新春，曹钟岳到某茶馆喝茶解渴，"茶博士"给他沏了元宝茶，不曾想这简简单单的一次喝茶，却让他颇感不自在，甚至在《上海报》专门写文吐槽。第一重尴尬是曹不知"元宝"为何物，尝了半晌才反应过来所谓"元宝"竟然只是"两颗蹩脚橄榄"。结账时，更尴尬的一幕发生了，曹按标价付了茶钱，不料茶倌追着他说道："先生，尚差九枚！"没错，这位"不懂经"的曹先生正是漏了春节期间元宝茶的"附加费"！不过元宝茶也并非茶馆敛财手段，一些茶馆往往会用元宝茶钱，贴上些许让利，采办年礼回馈给老主顾。1947 年，《苏州明报》记载当地某茶馆就为常来客奉上了橘子（大吉）、橄榄（元宝）、粽子（高中）等寓意吉祥的新春伴手礼，变相把讨到彩头的"小费"还赠给消费者。

第三个"宝"是元宝鱼。按照习俗，正月初四到初五的这一夜是"接财神"的重要日子。在长三角许多地区，正月初四、初五都少不了元宝鱼这件"愉神"食材。近现代长三角地区的元宝鱼，大多选用通体泛金红色的鲤鱼。1910年，《图画日报》对元宝鱼的寓意由来作了生动描述："元宝鱼，金鳞好，一跳好像元宝翘。买来今夜接财神，财神看见哈哈笑。"1926年，《大世界》杂志的一位作者称"初四黎明，闻街中唤卖元宝鱼，络绎不绝"，可见元宝鱼在老上海是个很重要的民俗。初五早上祭祀过后，有的元宝鱼会被老上海人放生。1945年，《社会日报》主笔目睹了一幕奇景："这两天，沿黄浦的码头上，捕鱼者很多。在平时，他们的目的是捕鳗鱼，可是这两天落网的，却以元宝鱼为多。原来正月初五日，家家人家，都在接财神后，即把元宝鱼放在浦江，而元宝鱼经长时期的'软禁'后，一时不易活跃，逡巡于江流之边，想不到又被渔翁捕了上来。"另一些元宝鱼则会直接成为老饕们餐桌上的一道节令美食。20世纪三四十年代，上海福运园、罗柏记等餐馆都在春节期间发售"元宝全鱼"特色菜，吉祥寓意与丰富口感兼得，深受吃客们的追捧。

第四个宝是"元宝菜"。1945年，《南京晚报》向读者讲述了当地盛行的除夕吃"元宝菜"的食俗："相传腌菜可占一家来年家运兴替，所以这种腌菜又叫做'元宝菜'。在腌菜的时候，必须在每一颗菜心里取出一瓣菜叶。取出后，把所有的菜叶捆起来，挂在檐前风干。待到除夕的那天，做年夜饭的时候烧食，谓之'元宝菜'。

1929 年《中央图画月刊》上的年糕摊

1940 年《健康家庭》上的宁式年糕铺子

1941 年《星期画报》上的购年糕者

吃了元宝菜，谓可多赚元宝，大发财源。"1948 年，该报称江南人的年夜饭以及整个年节餐食里都少不了一道素什锦菜。这款什锦菜，其实也是与"元宝菜"异曲同工的讨彩食品："必采许多含有吉利意味的菜蔬合炒起来。如荠菜，谐音'聚财'。豆芽，形似如意。豆腐干子，谓之'太平干子'。红萝卜，称作'洪福齐天'。什锦菜自年前炒好，往往要吃到正月半后。"

1947 年，《联合晚报》谈及了宁波地区民众过年食用的"吉祥饭"，这种节庆食品由"黄豆芽、豆腐、年糕、番薯、南瓜、干面、麸等各色食物混合成。每种食物都代表着一种意义：黄豆芽象征你吃了以后，明年可以万事如意；豆腐，则是因为它的面上有着一块块的格子，这象征你吃了可以买田；年糕表示以后高兴；干面则取长命百岁意义"。

年糕百变年年高

年糕，得名自农历新年，无疑是最能代表新春佳节的一款"国民年货"。一条条雪白软糯的年糕寄托着食客对更美好生活的翘首以待。1943 年，《中国商报》释义称年糕"谐音年高，取年年高，节节高之意"，这真是一语中的。正是因此，老上海的春节总离不开年糕加持。1940 年农历腊月十四，《总汇报》展示了年前上海年糕买卖的火爆："年糕市展开之后，跟着日子离年关愈近，愈是见得热闹。所以这几天，年糕市场又相当的兴奋和热闹"。

　　近现代上海市面上的高品质年糕基本是浙东货。1937年农历大年初九，《铁报》点评了老上海的年糕江湖："（上海年糕）绍兴、宁波二种为最著名……也是因为上海地方阿拉同乡最多的缘故。在废历春节将近时，市上便平添许多专售宁波年糕的店铺，总是生意兴隆。"这篇文章也提到，在20世纪上半叶，宁波年糕与绍兴年糕相比，在入口爽滑、糕体韧性、色泽白度等方面略逊。察其症结，是那时宁波年糕多用"燥磨"，不如绍兴"水磨"法来得精致。在近代上海，每逢年节，里弄小巷里总能听到小吃摊叫卖宁波年糕团的吆喝声。

　　20世纪初，年糕团也开始出现在上海市面上。不出意料，这又是"阿拉宁波人"的商贸成果。1928年，《上海常识》介绍："近来有一种便宜的点心可以充饥：这几天里，宁波年糕已经上市。而在这种卖宁波年糕的店里，是带卖一种年糕团的。在早晨或下半天，要是肚子饿了，可以去买五六十文或七八十文的淡年糕团。喜欢吃甜的，就拿来蘸糖吃。喜欢吃咸的，可以去再买两块油炸桧，把年糕团压平了，包了油炸桧。若是考究些的，就买点熏鱼啊，肉啊包起来吃。"1934年，《社会日报》的一篇随笔记述了春节期间宁波年糕团在上海热卖的场面，文章提到那时热销的宁波年糕团有芝麻白糖、金冬菜、葱油馅、咸菜开洋（虾干）等4种。作者还记述了当时上海街头的宁波年糕团小贩大多会在走街串巷时呼喊"火热年糕团"。想必在寒冷的仲冬，这暖意融融的叫卖定能招徕不少食客。

　　糖年糕也是近现代上海市面上常见的年货。1928年，沈梓青在《上海常识》撰文讨论了百年前上海糖年糕的基本情况："分红、白二种，红的放红糖做的，白的放白糖做的，其实味道是一样的，不过好看些罢了。"把年糕做成红色正是百姓期望来年日子红红火火的朴素表达。沈氏还介绍了糖年糕吃法"没有宁波年糕那样多，只有用水和白糖下，或用油煎等几种"。同样是甜糕，上海高桥土产的松糕（民国年间多称之为"高桥年糕"）也是甜蜜新春的必备佳品。1923 年春节，某上海文人托朋友从高桥捎来一屉松糕，蒸后食用，不禁大发赞叹："其中之资，有猪油豆沙，有黑枣胡桃，复有赤豆，粉入口而化"。

旧时，江南各地的人们都会在年前囤一大缸年糕，因而如何换着花样吃年糕，也是年节给人们出的一道"必答题"。经典的年糕吃法有很多，但有一项如今已因"厨房革命"变得越来越少见。那便是在老式灶台里烹饪的"烘年糕"。1934 年春节前夕，《时报》副刊专文讲授了年糕的各种吃法，对"烘年糕"也作了细致描述："将年糕切成数块，放入灶洞中，惟此灶须烧稻草者方能，待其微现焦黄，即可食"。文章还针对使用新式小灶的上海市民提供了实用的"烘年糕"建议："如家中无此灶，只须买烧饼时，托卖饼人代烘一下。"

团团圆圆喜迎春

中国人过年最看重团圆这两个字。由此，汤团这种外形、名字都很"团圆"的小吃成了老上海及其近邻过年时不可或缺的一种甜品。近代上海的汤团种类繁多，其中宁波芝麻猪油汤圆固然最具代表性，但上海老饕们对汤团的想象力远不止于此。1938年，《锡报》罗列了颇具上海特色的两种汤团——三鲜汤团、香酥汤团，并说明了它们的制作方法：比较正宗的三鲜汤团，主料是肉丁、冬笋、韭菜，同时宜配入鸡汤冻提鲜增味。香酥汤团则是甜口，其核心做法是从糖食店买来几只"洋钱饼"（芝麻小饼），用石臼捣至碎烂，随后加入白糖和火烫猪油和馅制成。

老上海人还将汤团巧妙地进一步加工成擂沙圆，这又是一道年节美味。1933年，贾观军在《时事新报》上发文称赞永茂昌的汤团美食，顺带表扬了该店闻名遐迩的另一道小吃——擂沙圆："把汤团在干豆沙里滚过，就叫'擂沙圆'，销路也很多。凡是在上海的人，差不多都爱吃的"。1937年，《社会日报》的一篇纪实作品详细描述了擂沙圆的做法，及其在老上海的出售情形。从中可见，老上海擂沙圆内馅不拘一格，既有猪油细沙、百果、芝麻等甜馅，也有鲜肉等咸馅。诚如作者所言，擂沙圆和汤团其实是一个模子里刻出来的，只不过一个带水汤吃；另一个蘸粉干吃。《社会日报》这篇文章还透露，春节前后的上海街头常常能看到宁波和本地乡郊两派小贩沿街兜售擂沙圆。走夫们挑着特制的大木桶，上层装着擂沙圆，隔断下层盛着热水或炭火保温，防止粳米、糯米和成的圆子遇冷变味。

春节春节，过了节便是春天。由此，长三角各地的新年食谱里，多少会包含些"春和日丽"的情愫。春卷，无疑是过年美食里"最春天"的一种。1945年，《社会日报》的一则琐谈提及老上海各处饼摊在春节前后应景的现场摊制春卷皮子，兜售给计划包春卷的市民。春卷馅料是颇为考究的，拿素馅的春卷来讲，按照1938年《锡报》提供的菜谱，考究者要加酱豆腐、香干、绿豆芽、黄花菜、香菜、豆腐皮等6种食材，可以称之为"众味集成"。说到春卷与春节的联系，就必须谈谈宁波人。春卷是宁波年节雷打不动的"必需品"。也正是因此，近现代宁波的餐馆、食品行总会在小年夜左右发售定制春卷，一直持续到元宵节后方才下市。老宁波人对春卷的喜好，也促成了年节期间春卷市场的多姿多彩——以1944年《时事公报》刊登的甜心斋广告为例，咸味春卷有鸡丝、虾仁、鲜肉等3种，此外还有猪油、羊酥两类甜春卷。当时还有一类用豆沙做成的甜春卷在平日里也很受人欢迎。这类春卷多为私家自制。1949年，《家庭》月刊说明了"豆沙春卷"的制法："豆沙春卷，海上无有制以供客入肆点食者。制法实甚简易，一如包普通春卷，惟易其馅心为豆沙，并略加几块生猪油耳。豆沙中如拌入少许桂花或玫瑰花片，香味更佳。"

　　一句吉利话，一嘴讨彩食，中国人的和美新年就这样"笑口常开"，代代延续。

团团圆圆喜迎春

第二章
汤团和元宵：南北都会的"同心圆"

"一颗颗月亮，/又白又圆，/盛在白玉般的瓷碗，/好一碗
热腾腾的乡恋！"

——毛建一：《家乡的汤圆》（1984）

这首诗写的是汤圆。这种糯米粉裹馅料造就的"雪球"，南方
叫汤团，北方叫元宵。叫"汤团"是象形，叫"元宵"是写意。在
中国人的饮食传统里，皮糯馅香的汤团是许多佳节的佐餐良品。当
然，其中最具代表者还要数与元宵"重名"的元宵节：1923年元
宵前夕，《月圆》杂志对元宵食俗描绘道："正月望日，俗谓元宵
节，家家户户因取团圆之意，多有吃汤圆之举。"

佳节又元宵，大江南北的汤团市场火热起来。有心者或许会好
奇，作为一碗承载浓浓乡恋的小吃，汤团自身的文化"原乡"在
何方？千载太远，汤团起源传说大多是后人美好的想象附会。既
如此，不妨就上溯至"爷爷奶奶辈"，一窥近代汤团之究竟吧！秦
岭—淮河以北的"元宵"，且看老北京"摇"出精彩；其南的"汤
圆"，请听老上海煮镬里沸水的述说。

北油南水，共团一圆

1923 年，上海大世界报馆主办的《大世界》杂志登出了一篇题为《吃元宵》的滑稽小说。来自北方的故事主人公颇为吝啬，在上海友人再三催促下才决定借"元宵"宴请客人。可当上海友人元宵节登门后，招待他们的只有一碗汤圆。气恼过后，上海友人恍然大悟："小汤圆北人果名元宵"——原来吝啬的主人说的本来就是请吃汤圆，而非元宵节设宴！

笔者读罢此文，忍俊不禁之余，也对老北京与老上海汤团的旧事萌生了强烈求知欲。恰巧笔者外公是"老上海"，外婆是"老北京"，于是便借机向二老讨教了他们童年（20 世纪四五十年代）的裹汤团技艺。

对于老北京的元宵，笔者外婆的第一印象是"少见"——一般只在元宵节享用。早年老北京元宵馅料丰富，家里一般用花生粉、芝麻、赤豆沙掺麦芽糖，凝固后做成小块。随后在竹筛上再撒上糯米粉，把糖块放入筛子，反复喷水摇匀，滚到差不多大小就成了可爱的元宵。老北京人较少水煮汤团，都是用六七成熟的大油炸元宵。出炉后稍微晾凉，一口咬下去外皮酥脆，内里弹牙。

在笔者外公眼里，老上海的汤圆比老北京丰富得多——不但日常吃，内馅选择也相对多样。旧时，主妇们会提早几天泡好糯米，做汤团当天拿到专门石磨坊去当场磨粉。当然了，早年间上海已有成熟的汤团粉生意，1928 年 1 月的《时事新报》上已可见 10 斤装"汤团粉"广告，买粉还是磨粉更多取决于物质条件与实际需求。磨好的糯米粉带回家，兑水调成汤团面。此时，各色精彩馅料便有了"用武之地"——只放酱油与盐生拌的猪肉馅味鲜；包成椭圆形，又在头端捏出"水滴尖"的是菜馅汤团，汁水可口；而甜蜜蜜的豆沙汤团是小辈最爱，那时的豆沙馅一定要去三角地菜市场买来，别的地方滋味大逊。据说笔者母亲小时从宁波回上海探亲，姑奶奶必裹汤团招待。宁波素以猪油汤团为小吃桂冠，想来母亲回上海吃到的不是什么"新奇"，而是一份手作的温情吧。

近现代北京与上海的汤团，基本都是在路边摊售出，但两地小贩叫卖汤团的能耐各有千秋：1910年发表的短篇小说《汤圆案》，开篇就上海汤团小贩的叫卖描写道："当当当—当当，卖汤圆之锣声'当当'起于豆花篱外。"而民俗学者考证，民国年间北平街边元宵摊的叫卖声，是极富"京味"的"元宵哟……！"

近现代北京与上海的元宵在"味觉正宗"上也各持不同观点：老上海认为"咸"更胜一筹，老北京则推崇"甜"的厚重滋味。1928年，《上海常识》纵谈上海汤团的文章认为，"汤团的馅有甜、咸两种，以食咸者较食甜者为佳"。而差不多同时，一篇谈论"北平炸元宵"的美食散文就亮出了"燕京观点"："吃元宵当然以油炸的味为最美，炸元宵最好用甜馅的，炸的时候要拍，越拍越大，越大越松，越松越好吃。"南北两派，甜党咸党，至今争论不休。

对于老上海，汤团是寒冷天气里一道"百搭"的充饥暖胃小吃，完全不拘泥于元宵节令。1933年，《时事新报》作者描绘了冬日上海的街头"食景"："一个铜子一个的，没有馅的汤圆在锅里滚，又廉价又耐饥。江北奶奶拎着白铁壶，二个铜子一块的'脆麻

1929年《良友》杂志上的汤圆摊

1934年《图画周刊》上的北平元宵摊

花'，放上些砂糖，泡上一大碗，热气腾腾地够受用"。不同于旧上海的"四季汤团"，近代北平的"元宵消费"基本只局限在元宵、中秋等传统节日期间。老北京罕有专事出售元宵的铺子，大多是饽饽、茶水铺等平日里本就贩卖小吃的商店临时制贩元宵。20世纪40年代的一篇民俗文章声称近代北京的饽饽铺分新、旧、回三种，旧式饽饽铺是元宵等节日特色点心行销的"主力军"，回式饽饽铺则出售"清真元宵"。1936年，《华北日报》描绘了北平回式饽饽铺兼营元宵生意的场面："一家门首，放着一个汤圆担子，从锅炉上冒着热气，凝成一层浅雾，罩着小玻璃灯罩上的'清真回回'四个红字。"

每逢元宵节前后，老北京的饽饽铺都会彻底被应季元宵"喧宾夺主"。1918年元宵节，一位《小时报》记者在西单发现："数个饽饽铺的元宵生意大有供不应求之势。"元宵夜，西单的饽饽铺子争先恐后地"悬挂五色彩灯，大书'庆祝元宵'四字"，以此揽来城内"家家需吃元宵"的主顾们。同样，《益世报》的新闻也曾告知读者，1920年北平元宵节灯会上"元宵摊吆喝之声"与其他叫卖一道构成了"震人耳"的声景，足见元宵生意之盛大！汤团与元宵的内涵不同，制作与食用的方法差别，反映出传统时代南北方饮食文化以及民俗风情的差异，正应了那句"一方水土养一方人"。

四时糯果，海派讲究

老上海的汤圆可以吃一年四季，从不局限于特殊节令。因此，汤团的"商业化"气息十分浓郁，各式各样的商家售卖着五花八门的汤团。1929 年，一则广告介绍了"福源斋"汤团店的主打产品："所制之芝麻、豆沙、虾肉各式汤团，物美价廉"；1939 年冬至，上海城隍庙"老松盛"主推五仁白果馅的汤团，受到了大批食客的追捧。即便如此，仍有口味"刁"的老上海批评本地汤团表现一般：1936 年，一位署名"焦东樵子"的美食评论家品谈了上海市面上的汤圆，认为芝麻、肉馅、豆沙等普通汤圆索然无味，指出"最好吃最入味的有两种，一种甜的名香酥汤圆，一种咸的名三鲜汤圆"。作者所谓"香酥汤圆"好在馅料："系用双麻饼（一种芝麻小烤饼）做的，法将双麻饼用石臼舂得极碎极细，加以白糖拌匀，盛在钵内，然后将熬熟的猪油，乘其温热时倒入钵内，一方面倒，一方面用竹筷调和。"吸引"焦东樵子"的三鲜汤圆，则包含了韭菜、冬笋、猪肉这"三鲜"。作者看中"三鲜"荤素搭配，"比全肉的馅心入味多了"，还主张"如有白烧鸡肉等的汤冻，加入少许则更好"。

老上海对汤团的讲究，不仅表现在"挑剔"食材，也体现于对"老牌"的执著。受此影响，近现代上海滩的汤团店中崛起了一批"金字招牌"。据说早年间虹口的"五星斋""复源斋"等汤团店生意极为兴隆："汤团锅子真要吓坏人，大得像炒糖炒栗子一样大，客人像'蚂蚁'一样地爬进爬出。"全面抗战爆发前，上海售贩豆沙馅汤圆的小贩都集中在南市，罕去他处。南市里，个别誉满全上海的汤团店，底气足到每天只开下午一市。即便如此，那些"老底子"汤团店还是能在短短几个小时内卖出数千只汤圆！ 1938

年，"风子"在《迅报》撰文排序了他内心的上海汤圆"群芳谱"。其中，"永茂昌"令他尤为垂涎：每到城隍庙，必到"永茂昌"去"吃上几只滚圆的挂粉汤团——从甜的夹沙馅里，从咸的精肉露中，仿佛具有安慰我一天困劳精神的美味！"

老上海汤团店各"金字招牌"间，"乔家栅"是尤为耀眼的一块"足金招牌"：翻阅民国年间老上海的汤圆广告，少有老字号能像"乔家栅"汤圆这般长期保持"名点"荣誉，迄今数十年屹立不倒。1945年，《光化日报》提到把汤团卖进国际饭店、向上海名牌酒楼批发出售汤团的"乔家栅"铺子"现在号称为'汤团之王'"。

说到"海派"汤圆，"宁波"二字是难以删去的一个历史符号。在宁波人心目中，汤团是永远无法被超越的"家乡味道"。1927年，一位宁波籍作者在上海《时事新报》发表了有关宁波汤团的感言："汤团可分大小两种，大者有馅，荤的猪油馅，素的豆沙馅。小者无馅，煮时加酒酿、白糖，味亦甚佳。像上海城隍庙，有专卖汤圆之店，沪人说是特产。在下也去光顾过一次，出品平平而已，不及我们宁波人做的高明，大概是粉欠讲究的缘故。"

宁波人对汤团的"禀性"了然于胸。在宁波人手里，一粒汤圆可大可小，宜甜宜咸，总能由千路万径抵达美味的终极目标。1925年，《时事新报》讲述了一种它处所见不多的煎肉馅汤团吃法："宁帮居家，小圆中亦有置以馅者，用葱末、猪油包内其中，锅内滴油少许。将小圆煎之使黄，其味颇佳。"1934年，《时报·号外》则隆重向读者推荐了"糖圆"，即大名鼎鼎的"酒酿圆子"："先取粉揉好，用手捏擦成为小圆形，如'弹子'然，愈小愈贵。另外将桂花年糕，切成小方形，一起煮之。待糖圆、年糕，均现柔软状，倒出和糖食之，味洵美也。"

　　大量涌入"魔都"的宁波移民也将老家正宗的汤团美味移植进了上海。而今红遍世界的宁波"猪油芝麻汤团"便是随旅沪宁波人走进上海的一道著名小吃。"宁波土产，猪油汤团其一也"——1949年《东方日报》上的杂谈，将上海滩流行的"猪油芝麻汤团"列为沪上宁波小吃的一座"地标"。20世纪40年代上海街头多见"吃食摊店"，兼售多地著名小吃。据时人估算，宁波猪油汤圆便是"吃食摊店"里销路颇旺的小吃。近现代宁波与上海间维系着极为紧密的"亲缘"——大批宁波人旅居上海深刻影响了上海城市历史的方方面面。近代宁波汤团红遍上海，恰是这道小吃"团团圆圆"美好寓意的一种外化吧！

　　无论使用"汤圆"抑或"元宵"的名号，汤团已然凭借其丰富口感、多元吃法，还有亲民定位，赢得了大江南北饮食男女的喜爱。百年来，北京和上海这两座东方大都会的城市空间日新月异，人员籍贯构成也趋向复杂化。其间，一碗小汤团竟然克服了时光与变革的双重冲击，继续以五彩纷呈的样态滋润着食客舌尖，这不得不说是一项"小吃奇迹"。是什么让两座大都会历经沧桑，却始终未遗忘一颗小汤团？

　　答案或许在汤团之内，又或许在汤团之外。

南北都市的 "同心圆"

第三章
香椿：一道"红了五百年"的春菜

香椿是遍布中国许多地区的一种食用观赏复合型树木，以"香"立木，因"香"闻名。现代植物学研究表明，香椿之所以"香"，乃是其嫩芽的油脂兼有硫化物、石竹烯、榄香烯、安息香醛类、紫罗兰酮等多种刺激性、挥发性物质。农历二三月间冒出头的香椿芽是一类极具营养价值的珍贵蔬菜，具有"高纤维、高蛋白、高含钙"的营养价值。

香椿通体是宝。1936年，河北省立农学院编印的科普读物《农民须知》介绍："香椿的木材可制木器，香椿的芽头可以佐餐，香椿的姿态可资观赏，香椿的皮汁可以治病。"然而香椿芽实在"香飘千里"，因而人们也就往往被"一叶障目"，不知香椿百般"大用"了。这个现象自侧面生动写照了香椿之"香"的神奇魔力。

中国人食用香椿这种土产鲜蔬的历史长达数千年。但中国人登峰造极的香椿料理却形成于晚明以降的五百年间。飘过五百载，春日香椿依旧让人口口惊艳，唇齿留芳。

明清时期的香椿食事

古人眼中的香椿是什么？元代官方修纂的农书《农桑辑要》给出了定义："木实叶香，有凤眼草者谓之椿。"明清时期，士人将香气是否充足作为食用椿品质高下的衡量尺度。清本《盘山志》记当地（今天津市蓟县）食用椿"有二种，菜椿、香椿，香者较胜"。

"香"对于明清文人的香椿印象至关重要，不少描绘香椿的文章均"以香识物"。明代宁波籍博物学家屠本畯在其名著《野菜笺》内收录了一则题为《椿芽》的打油诗，诗言"儿童攀摘来点茶，嚼之竟日香齿牙"，完全未述及香椿质地、口感，全然只一个"香"字便神韵鲜活了。清人李渔在凝结其毕生饮食智慧的《闲情偶寄》"饮馔部"中，也别出心裁地比较了葱、蒜、韭与香椿，对香椿远超其他各色调味植物的出彩"香"性赞不绝口："能芬人齿颊者，香椿头是也！"

香椿的"香"，使之拥有"点睛"平淡食材的魔力。清代自号"浙西饕士"的嘉兴人顾仲曾为其"饮食奇书"《养小录》搜得一种颇为别致的香椿食法："香椿细切，烈日晒干磨粉。煎腐中入一撮，不见椿而香。"与之异曲同工的还有现存已知首部清代北京风物志——乾隆年间《帝京岁时纪胜》所载的"香椿芽拌面筋"。这道菜取椿芽香味，令平寡索然的面筋顿生姿色，由此得誉"寒食之佳品"。无论冷菜热菜，一撮椿芽皆可营造出"满庭芳"的味觉胜景。

鲜香椿芽金贵，是需要细加品鉴的一味季节性食材。明清鼎革之际，曹溶在《倦圃莳植记》里评价香椿"可供素馔"，言下之意便是香椿绝非普通菜蔬，而是要入"素馔"（素宴）的。明人宋诩在与其子编著的"饮食百科"《竹屿山房杂部》内，总结了斯时香椿的两种常见食用方法：其一是香椿芽"油炒"（与其他食材热炒）；另一种是做成香椿芽干，可"汤泡，宜熟芝麻"——制成风味汤品。

因为香椿季短稀有，爱之者往往对其上市时间之短深为抱憾。清代文豪赵翼《食香椿有感》一诗睹物思情，感慨"可怜一样庭前树，嫩是香椿老臭椿"——香椿一旦"过气"，便臭不可食了。鉴于此，明清至民国的有心之人往往善用多种方式保存鲜香椿。清人丁宜所撰农学专书《农圃便览》中完整保存了"腌香椿芽"的制作工艺："香椿芽取肥嫩者浸腌器内过宿。次日取揉，每日三次。至五日后看芽俱透，置屋内晾半干，入镡炒炉焙之。十余日取晾一次，否则坏烂，至白露后便不用晾。"《农圃便览》与丁宜在今山东日照地区隐居的乡村生活经验密切相关，因而丁氏所记"腌香椿芽"工艺当数江淮海岱交接区的地方食俗。相形之下，华北的腌香椿工艺简化了许多，且用上了腌制品常见的伴侣——盐。光绪《顺天府志》记载，明清时期北京地区的居民乐于制作盐渍香椿，方法是"香椿头，今土人腌藏之，名咸香椿"。

此外，据民国年间文献，旧时南方民间还有另一独到的鲜香椿保存技术："在煮熟的猪油中，和入鲜香椿头末而凝结起来，更可久储不坏。即使到了秋间，还可以鲜香椿头的菜肴飨客，好不够味。"由于混了猪油，想来这种"猪油香椿"的用途应当是为炒菜增香提鲜，某种程度上可算作调味剂，而不是食材了。

　　传统中医讲究"药食同源"，不少入菜嘉木亦是治病良药，香椿概莫能外。明代药学经典《本草纲目》提及医家惯用以香椿为君药的"香椿散"，疗愈困扰古代华南地区甚剧的"瘴疟"。据清人程林《圣济总录纂要》，"香椿散"的基本配伍是"香椿嫩芽（酒浸三两），炙甘草、南壁土（取向日者）、腊茶（一两）"，香椿芽应当正是此方屡施屡验的头号功臣。明清时期的药典也常常收录香椿芽，部分典籍亦嘉许香椿既可资药用，足为佳肴的双重价值。明万历本药籍《茹草编》录有"香椿头"一诗，诗句盛赞香椿"芳辛可供馔"。《茹草编》还兼带强调了香椿的食用维度："二三月采嫩头，同豆腐煎食"。

百年前的香椿滋味

　　近代香椿美食千姿百态。这个阶段堪称又一香椿"波峰"。

　　品尝时鲜，自然需要瞅准时机。1934年《实报》介绍了那时不同等第香椿的"随时变化"："香椿摘食略如香茶树，有第一次、第二次、第三次之分，其嫩老大小，均视摘下之次序以办之。农人谓香椿树为'香椿果子'，以其树类果子也。"懂行的食客，甚至会因在旅途中偶遇香椿而兴奋不已。1923年，某上海作家在发表于《申报》的《甬游四日记》中，谈到了发生在宁波天童寺的"遇鲜"之缘："老天童盛植香椿，怒芽已苗，丐之住持，摘叶满巾，归煮豆腐，芳菲适口。"

1939 年《健康家庭》
杂志插画里的香椿芽
拌豆腐食材

20 世纪 60 年代的香
椿植株图

之于近现代美食江湖，香椿可是不分南北的"时令尤物"。南方的譬如武汉，1940年《大楚报》评点以香椿"拌炒鸡蛋或蒸鸡蛋，均为应时佳品"。北方以京津举例，香椿与"时令"的联系更显紧密：1939年《新天津画报》比较了京津地区香椿"因季定贵贱"规律："香椿这东西，并没有几种吃法，却是一种相当讲究的菜。在冬天，若来个香椿拌豆腐，饭店要相当地'敲一下竹杠'。一交初夏，香椿便不甚贵了，香椿拌豆腐亦不如冬天时那样名贵。在北京，这时候去吃小馆，差不多总是一碟香椿豆。"可见百年前，国人甚好香椿这一口，追逐的正是"时鲜"二字。

民国年间的鲜香椿吃法，注重"简洁生美"。1920年3月，上海消闲文艺类报纸《新世界》登出一则"香椿头烧豆腐"菜谱："取香椿如掌大之叶，切成细末置碗中。更取水豆腐切成条状，入油锅灼之。待外面生皮，即酌加水及酱油、盐、白糖，煮之约十余分钟，即将香椿细末倾入，拌数下盛皿中"。作者感叹如此做出的香椿实在"香甜可口"。1959年，刘岗等人编写的《豆腐吃法一百种》，还在"香椿头烧豆腐"等经典菜基础上推陈出新，设计了一种"炸香椿豆腐"。做法是将拌好葱姜料的豆腐，用香椿叶"一个个包上、卷好"，然后裹上鸡蛋清入油锅，"下勺炸成金黄色"。光看菜谱，仿佛已经能闻到"炸香椿豆腐"鲜亮色泽背后的浓郁香气了！

若要吃得繁复些，香椿也能承载厨人巧思，用无以复加的醇香把味道平淡的其他食材"点石成金"。1942年《申报》《天厨食谱》专栏就推荐了一道以香椿赋味的"香椿球"："将香椿头与葱分别切成细粒，和以面粉、味精、盐、糖及发酵粉等，用水调成厚浆，另将洋山芋煮熟后揿烂，掺入面粉浆内一同拌和。然后用箸逐一挑入沸油锅内，煎成球状，趁热用辣酱油或酱油精蘸食，味必香而适口。"

鲜香椿亦是盖过葱韭的去腥、提鲜作料。近代天津豪富之家在大唉肥美海蟹时常以香椿碎入姜醋，既增益清蒸蟹肉的鲜味，更可彻底掩住海产难除的浓重腥气。对此，1939年《新天津画报》"小吃偶谈"主笔不禁赞叹："香椿拌海蟹别饶风味！"

即便不小心错过鲜香椿，民国年间的老饕们也自有独门绝技——之于南米抑或北面，香椿腌菜都是绝佳"下饭"。

香椿还能让一盘热腾腾的面鲜到透骨。民国年间老北京酷爱一碗香椿面，20世纪30年代一篇《食记》描绘道："香椿末拌面，亦很好吃。若是素拌凉面，洒上香椿末，更是清香得味。若是略微腌一腌，更是好吃。不过腌时候多了，（或）晒成干再切末拌面，便没有什么味道。"1930年《益世报》评定香椿是极佳的"面码子"（"浇头"的京城称法），认为其与"炸酱面、芝麻酱面"很是般配。

香椿也可使一碗寡淡的白粥变得令人垂涎。1918年《家庭常识》杂志言称"香椿为暑天唯一之粥菜"，所谓"粥菜"便是下粥小菜。晚些年，一篇题为《香椿头》美食文章的作者尤为偏爱咸香椿下粥，大篇幅盛赞点缀白粥的那一抹墨绿："咸香椿头是一种过粥的妙品。在咸涩之味中，也含有相当的鲜味。若在酒醉饭饱之余，再添上半碗稀粥，就用咸香椿头过着，颇能体味到别具的滋味！"当然，保存得当的香椿头也能变身夏日凉拌菜的主角。1926年，一位《时事新报》作者公开了自己的香椿凉菜"心得"："一到夏天，老豆腐、香椿头切细后，和麻油、清盐生拌起来，吃时极其清洁凉爽，要算夏天时髦小菜之一。"

香椿的"香"入于鼻息，充盈唇齿。一小撮香椿宜南宜北，佐菜调味，它撩动着春日的舌尖，彩绘着四季的平淡，高调而不张扬。也许这茬椿芽香飘五百年的背后，恰有东方美学的精灵在起舞吧？

芬人齿颊香椿头

第四章
越冬迎春：惊雷一声笋探头

笋，本无特别营养价值。然而一股从内到外、从底到顶的"鲜气"，让古往今来的食客们大多对笋念念不忘。吃笋，是长三角民间饮食的悠久风习。1992 年版"长江蔬菜丛书"之一的《竹笋》介绍："分布在长江中下游的笋用竹，主要是刚竹属的毛竹、早竹和哺鸡竹等。"这些生长在竹园里、山坡边的鲜美菜笋，唤醒了因寒冷而单薄的冬日味觉，也让舌尖早于体温，感受到丽春的光临。江南笋的"老底子"是怎样一番景象？请随本章故事，与百年前的痴迷于笋之鲜美的前人们一道"越冬迎春"。

冬笋一株恍若春

1936 年，一位作家在香港《大公报》上感叹："我于蔬菜中，喜爱食笋，嗜冬笋尤甚于春笋。我认为，冬笋者，真绝世佳蔬也。"的确，在寒风猎猎的冬日里，一株笋的鲜味，好似百花齐放的春日。冬笋之妙，妙在时节，妙在"鲜活"。

　　浙江是远近闻名的冬笋产地。1931 年《工商半月刊》刊载的《杭州冬笋产销状况》记载："杭州冬笋市场分为南、北二埠，南埠以南星桥为散集之处，凡钱江一带之龙游、遂昌、江山、富阳、萧山、诸暨，及安徽省之屯溪、徽州出产，皆先集中于杭州之南星桥，然后运输各处。北埠市场在杭北之拱宸桥，余杭、於潜、昌化之山货皆归之，然后者产量极少，交易之盛不及南埠远甚。故贩笋商人及采办笋客，莫不聚于南星桥一带。唯冬笋卖买只限于冬季，每年至多七十天（自冬至至立春），故无笋行专营此业。概在过塘行论价，北埠交易则在水果行谈判。"除了杭州，浙东山区也是冬笋名产地，1937 年，《东南日报》的一篇报道提到余姚山区"冬笋尤著其名，故沪、杭各地大商埠，均届时来有贩客"。

　　诱人的鲜总藏在不易察觉的深处，静静等待有心人与之相会。挖冬笋，便是一段讲究眼力、考验心性的"修行"。1930 年，《新闻报》作者在题为《掘冬笋技能》的文章中介绍道："冬笋是深埋土中，不露地面的，故掘者不易找寻。但下有笋者，上必现有标记。这标记就是地面的泥土裂有坼痕，掘者可就这坼痕掘下，便可得笋。不过这坼痕若在柴草没胫的荒山中，以及雪后的山上，坼痕或为柴草所掩，或为积雪所盖，就瞧不到了。至于雨天的山上，坼痕往往裂而复合，因此掘冬笋的，都只能在天晴的山上采掘。"

　　费劲掘出的冬笋，一上桌便能成为冬日里格外惹人馋的"明星"。1948 年，上海《机联会刊》的一位作者在撰写家庭食谱时，曾总结"冬笋烧肉"的口感是"肉既鲜美，笋又油润，非常入味"。细细揣摩这句描述，读者也许会发现笋才是"冬笋烧肉"的主角——肉因笋得鲜，而最让人满足的部分，又是沾裹满油质的鲜笋。

除了与荤菜搭配，冬笋为主的素菜亦很精彩。1937年，《铁报》向读者推荐了"干炒冬笋"食谱："将冬笋去壳，切成'滚刀块'，洗净后放入大碗中，倒入酱、糖和切成小块之辣椒拌匀。放饭锅上蒸之，或隔水蒸亦可。置油锅中，至油沸滚时，将碗中冬笋连酱油等倒下，以猛火炒之，炒至汤干为止"。这道甜辣口的笋菜，味浓油重，着实能令寒冬腊月里的食客精神为之一振，唇齿间春意盎然。

对近现代江南人而言，冬笋是极为金贵的蔬菜。由此，如何妥善储存冬笋使之能保质一个较长时期，显得至关重要。1936年版农书《蔬菜园艺学》就向读者提供了两类冬笋保存法。第一种是做成"糟笋"："冬笋不去皮、不见水，粗布拭净，用箸凿穿笋内嫩节，装满香糟。再以糟包裹笋外，大头向上，入罐泥封，夏日取食"。第二种做法是加工为"玉兰片"："冬笋切片烘熟取食，微加蜜或食盐于其上，俱佳"。这两种保存方法，都能够长期留存冬笋的味道，珍藏那透骨的鲜美。

春雷惊炸探头来

惊雷一声，万物复苏，春笋也接踵探出头来。春笋的采收，是真正意义上与时间进行赛跑的"抢收"。如果没能把握住得当"窗

20世纪30年代的"冠生园"笋罐头外包装　　1926年《晶报》上的油焖笋罐头广告

1933年《中华》杂志上的掘笋场景

口期"，恐怕就要"生啃竹子"了。对此，百年前的爱笋者深有感触。1928年，《新闻报·本埠附刊》总结老农经验道："当其出土二三寸时，用铁铲下掘，及其茎而断之，长约五六寸，最为适宜。"

百年前，长三角各地几乎无山不竹，无林不笋，一些地区的春笋产业规模庞大到让人咋舌的境地。1937年，《铁报》作者描绘了浙江余姚笋市的非凡热闹："南北城街道所设笋行，有万顺、万祥泰、黄万利、万源、春茂、泰生、源源及北城水门口之露天行三处，共有十家。如万顺行等五家，每家每年上行毛笋计斤十二万七千有零，源源行及露天等，只有四千斤之数。冬笋减少十分之七，计共四万斤左右。"

春笋的鲜会随运输时空的延宕而渐渐逊色。所以对于冷鲜运输条件相对受限的近代人来说，唯有到出产地去，方能一品春笋至味。1928年，《新闻报·本埠附刊》主笔谈道："春笋以杭产为上品，近日若至杭游玩者，可得食之。但沪上所售者，大悉运自宁波来者，故其味不及杭产之鲜美也。"这倒不是说宁波笋质全然不如杭州，归根结底还是因为到杭州吃杭州笋，满口充盈的都是鲜嫩"地气"。同样，"野"的笋往往会比"养"的笋更具滋味。1926年，《时事新报》介绍余杭笋时提到两种鲜美的"野"春笋：其中一种"野的很细，几乎只有小指般大，味道倒也比家的要好十倍"，另一种"只有野的，没有家的，比野篌笋略大一些，肉质洁白脆嫩，味道鲜得无以复加，要算是笋中之王了"。

春笋的鲜必须以最尊重鲜的方式加以呈现。1931年，上海的

《兴华》周刊提倡用最简约的炒法烹饪春笋："剥去其壳，摘其尖，加虾子酱油及猪油少许，炒二三炒取出，鲜嫩异常。"1935年，《苏州明报》则提供了另一条异曲同工的思路——当地春笋上市时，"乡下旧俗，每煎笋以菜油，以之和面，殊为可口。亦清亦香，宜粥宜饭。"

优质春笋应市时间较短，老饕们总会想方设法为之"锁鲜"。

1926年，《时事新报》呈现了制作"笋汁"的精华萃取模式："把鲜笋安在大锅中蒸煮的时候，锅中的水逐渐干燥，他们就逐渐添加，一锅已熟，便把熟笋取出，又将鲜笋安下。但是汁水是不舀出的，一而再，再而三。到了后来，这遗下的汁水，差不多是众笋之精，任凭荤的鸡汁、素的麻菇汁，只怕也够它不上。如果你盛入玻瓶，密封瓶口，尽可经久不坏。烹调的时候，只消倾一小羹匙在肴馔里，包你吃得大对胃口。"

与"笋汁"相似的方案还有"笋油"。1926年，上海生活类杂志《聂氏家言选刊》解说了笋油做法："嫩干笋三两，剥去外老衣，切去尖峰数分。嫩鲜笋六两，切之如笋干尺寸，轻轻拍破。生姜一块，约如半只鸡卵大，拍破。熟花生油约小半饭碗，但宜少不宜多。陈皮少许，如一小银角子大，不宜多。冷水约三中汤碗。用文火煮约两小时，若嫌其味浓，则对少许开水。若嫌其味淡，则加少许好酱油。食时宜不冷不热最妙。"

最为有趣的是，当年还曾有智慧老农想到在笋成长过程中加以干预，产出风味奇美的一类笋菜。1929年，《新苏农》季刊公开了个中"秘密"：嘉定有农民在笋刚破土时，"把竹笋的四周围，掘一槽，深度约在一寸左右。然后把那个小口的坛罩准了槽，上面满积泥土。隔了六七天左右后，看见泥土下部发松了，此时就可以把笋铲下来。那笋便曲曲折折地，如螺如旋地盘在坛里头，色白而嫩，其味美不可言。"

浓缩为脯倍加鲜

笋鲜易逝之特性让百年前的笋农们分外重视照传统加工笋干，以此延长笋的可食用时间。或许初试此法者并未料到，水分流失既实现了保鲜初衷，也在不经意间，赋予笋以风味的焕然一新。

百年前江南农民如何制备笋干？1930年《工商半月刊》刊登了一篇《天目山一带笋干之产销状况》的文章，作出解答："将新鲜采掘之笋，剥去笋壳，用水洗净，放入大锅（每锅能盛二百斤）。加水及盐（每锅需盐六斤），煮之约二小时后取出，放在焙笼上以文火烘之使干。约四小时后取出，以手搓之，使成圆形，再以锤击之使扁。然后再上焙笼约一小时。烘毕取出，置于桌上，选择老嫩，分为等级，再后装入篾篓以待出售。自鲜笋以迄制成笋干，约需时二天，每二百斤鲜笋至烘干装篓，只有二十斤。"这真是一份劳神的"累活"！

值得一提的是，这则报道还介绍了当时浙西笋干的广阔销路："笋干之销路以江苏为最，约占全额十分之六，天津、北平、辽宁次之，约占十分之三，哈尔滨、新加坡、香港、广东又次之，至于本省销路，则颇有限。"

谈及近代长三角笋干市场，产自浙江临安的优质笋干尤为名声赫赫。1946年版《浙江工商年鉴》梳理："临安县南所产，统称'天目尖'，笋壮肉厚，味稍甘，年产五千担。临安西北所产，名'早元'，肥挺，挺尖，笋质味薄而味鲜，年产亦五千担。其最佳者，则产于该县之横岭十八邨，色、味俱臻上乘。年产量仅二千余担，为'天目尖'中之珍品。"一方青山秀水的养育，大概正是临安笋干的美味之源吧！

1934年，《浙江省建设月刊》逐个说明了临安笋干的6种地方分类及其各自特性，从中可以窥见当地笋干知识谱系的精细、庞大。第一是"焙屑头"，它的"形如南货店中所卖的开洋，形色颇可爱，且小而嫩，味道很鲜美，普通都称为'别直头'"；其二是"笋尖"，这种笋干"形长而扁小，经热水煮熟，可涨大到三四倍，嫩而鲜美，正与'焙屑头'相似，惟'焙屑头'较为光洁，而笋尖则附着笋毛很多"；其三是"早圆"，它"圆而卷曲，如塔或螺钿形，也有圆形的，形色颇为美观，送人都以这种为上品"；第四是"肥挺"，"各类笋干中，以这种为最粗壮，味亦颇美"。除此之外，尚有"秃挺""挺尖"等相对朴素的两类，一般视作"不入流"。想想之于普通食客而言，光是看看这些名字，就够费脑筋了。

安徽也是百年前长三角重要的笋干货源地。1951年版《中国土产综览》谈到安徽境内笋干的主要产地是休宁和歙县，此外宁国、泾县一带也有出产。百年前，安徽的笋干分类，与浙西有所不同："笋干中以'黄叉'为主要的产品，最为普遍。'鸭舌'是'黄叉'上段，较为软嫩。笋片是'黄叉'下段，较为老硬，故切成小片。笋衣是'黄叉'笋上的嫩壳，在未制笋干前，剥下干制。'花蕊'是未成熟受伤凋萎的鲜笋，不能鲜卖，乃制成笋干。因其较嫩且产量不多，农民多留供自食，如有剩余，方能出卖。'猪肠笋'是'黄叉'尖段，在未剥去笋衣前，切下干制，故附有笋衣，品质最好，但产量少，仅够本地市销。笋尖是以嫩笋尖端制成，故产量不大，外运亦少。"看来不论产地在哪儿，百年前顶级鲜美的笋干终归还是"养于深闺"，外界人士很难有幸品尝到。

1935 年，《东南日报》称上海、杭州等江南都会的街头"清明前后，可以听到'笋干要弗要'这类纯粹的绍兴口音了。卖笋干的真都是绍兴人。其实绍兴并不出产大量的笋干，出笋干的地方是在临安——天目、於潜、昌化、新登一带。可是挑着竹篓，喊着'笋干要弗要'的，却偏不是临安、天目一带的人"。大山馈赠人类以笋之美，富有大海精气神的行商，则将这份大山的恩赐，传递给更多、更远的人们。自此回看，似乎百年前的江南笋干旧事，也是一曲"山海协奏"呢。

惊雷一声笋探头

第五章
绿意盎然：乡野春菜的旧时味道

清明前后是春天最富诗意的日子。与草木欣欣、百花齐放一并到来的，是漫山遍野的各色野菜。野菜是人们由胃入心，沉浸体验春光的一种情感媒介。1937 年，《新闻汇报》里有篇散文写道："在春天，那尤其容易找得到菜蔬。田岸上生长着绿丛丛、嫩鲜鲜，可以做极美味的珍品。就是大众欢喜吃的，也就是大众吃到的'金花菜、荠菜和马兰头'"。的确，尝到了野菜，也就遇见了春天。

春日野菜的"经典三味"

荠菜是不少地区春日野菜食谱的"常客"。虽然荠菜的主要上市时节不限于春天，但许多人的春日"仪式感"，全然离不开荠菜加持。

1935 年，《常识画报》形象描述了荠菜的由来与吃法："这是一种野生的菜蔬，一到春初，嫩绿可爱，乡村儿童，结队挑取。或烧菜饭，或作羹汤，鲜美可口。"当然，百年前荠菜生长的地方并不限于农村,城市里的角角落落也可见荠菜的身影。譬如1937年《青年界》杂志的一篇日记,就讲述了主人公早晨搭车去天安门、太庙附近采野生荠菜,晚上带着一大包收获回家包荠菜肉馅饺子的"城市野菜体验"。可见,荠菜无论在南方北方,都是大众喜欢的乡野鲜蔬。

荠菜的食用方法非常多元,但最为精华的一类,还要属和鸡肉、鲜笋同烧。1911年,《俞氏空中烹饪:教授班》杂志介绍了春季名菜"荠菜炒鸡片"的烧法:"将鸡胸肉切成薄片,拌入盐少许及湿菱粉一汤匙,在多量油内爆至脱生。即捞起,舀起锅内余油,留下三汤匙,将切片之冬笋投入爆数分钟。以斩细之荠菜和入炒一透,洒下酒,汁汤或水半杯,加进盐及糖,煮顷刻。把爆过之鸡片倾入炒和,以余下之一汤匙湿菱粉调入,炒透即成。"1936年,《东南日报》也刊出了一份"素山鸡片"食谱,这道菜与"荠菜炒鸡片"颇有"灵魂呼应":"先以鲜笋切成骨牌片,置于油锅内。俟熟,将稀芡粉略拌之里脊肉片投入,稍转侧,下荠菜一撮,略加点水,烹约一分钟,则其味鲜美。"

荠菜之外,春日里尤受江南人欢迎的野菜,当然少不了马兰头。马兰头最经典的吃法,必须是凉拌香干,如被制成腌菜也十分爽口,风味不输新鲜时。1925年,时希圣主编的《家庭食谱》就记载了"盐马兰头"的加工要领:"马兰头拣好洗净,用食盐腌匀,隔三五日捞起沥干,放入竹匾内待至微干。加以茴香装入坛内,俟至满坛,以柴缠坚塞其坛口,然后将坛翻身,合于雷盆内,加些清水,便即成熟。"作者也提示称,如家中有人突发喉痛症状,稍服些"盐马兰头"便有可能得到一定缓解。

还有一款闻名于外的江南野菜，亦可腌制成独特美味，那便是金花菜，在一些地区又有"草头"的别名。1909 年，《图画日报》的"营业写真"漫画赞咏："腌金花菜滋味好，此物乃自太仓到，不咸不淡制得鲜，生吃熟吃俱佳妙。"那么金花菜该如何腌制呢？1929 年，上海《妇女杂志》公布的一份食谱披露了几招秘诀："用剪刀把金花菜最嫩的肥头剪下，置木盆中——即脚桶之类，加食盐用力搓熟（大约每斤用盐四两），把它所含的青汁全部榨出。加入姜末少许，然后用坛把它层层地装入，每装一层中需再置食盐少许。装满后把它覆置于稻草灰中，约经五十天即可开食。"这样腌制出来的金花菜"清爽适口，且具一种特殊的风味，夏令佐膳更为相宜"。1930 年，《新闻报》提供的草头腌制菜谱在配料上更为讲究，建议"加碧壳茴香及辣椒，上面裹以荷叶"，而倒扣的盆里可以"稍置雪里蕻汁"。作者认为，按照此般方法腌制的金花菜，"其味较购诸乡人及小贩者，胜十倍矣！"

近现代上海人对春日的野菜情有独钟，塑造了一个庞大的时令市场。1932 年，上海市政府社会局的一份报告分析了上海野菜市场的物价曲线："草头、荠菜都有季候的关系，一年中多则半载，少则一两个月。初上市的时候，所谓'时鲜货'，价格大抵特别抬高。一个或半个月以后，往往一跌再跌。"1934 年，《晶报》也谈及了春季上海野菜交易的巨大市场潜力："春二三月间，谓之'挑菜节'。以前在苏地卖三个小钱一斤，至近来卖两个或三个铜圆一斤，在上海卖十二、三个铜圆一斤，初上市当不止此数。倘到二

1935年《常识画报》上的挖马兰头景象

1935年《常识画报》上的儿歌《挑荠菜》

马路正兴馆去吃饭，他们就有生炒草头一味，每盘要卖你三角小洋，大约每盘也不过四两而已。不过上海的金花菜是种的，不是随地蔓生。正兴馆的烧法，也是不错。总之，金花菜是渐渐地交了好运了。"

故乡的一抹回忆

带着泥土气息的野菜，最能勾起游子心底里的乡愁。1924 年阳春，旅居北京的浙江文人陶然在西单市场上偶然买到荠菜，由此不禁想起了千里之外的故园。他满怀感慨地回眸了旧时乡居的"野菜生活"："荠菜是浙东春天常吃的野菜，乡间不必说，就是城里，只要有后园的人家都可以随时采食。妇女小儿各拿一把剪刀、一只'苗篮'，蹲在地上搜寻，是一种有趣味的游戏工作。那时小孩们唱道：'荠菜马兰头，姊妹嫁在后门头'。"

春日挖野菜是乡村儿童与大自然对话的一个心性成长过程。野菜滋养的乡土气息是他们一生难以忘怀的精神财富。1928 年，一位作家在《新女性》发表了一篇与野菜相关的杂文，记述了令他难忘的好似"重归童年""找回自我"的采荠之行："和三个小侄女挖来一些荠菜，又买了豆腐。妻将豆腐稍用油煎取出，和荠菜剁碎做成扁食，很是好吃，有野香、微甜之味。"1934 年出版的小说《孤坟》也对野菜与乡村少年的情感联系做了生动描述："春天，荠菜、马兰头发长的时候，常常和些小朋友拿了小篮子、小刀到各处去

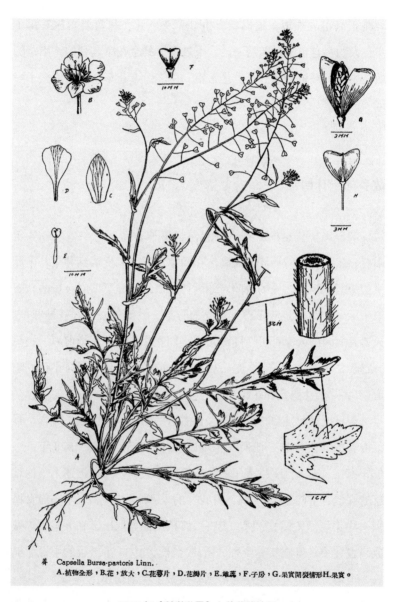

荠 Capsella Bursa-pastoris Linn.
A.植物全形，B.花，放大，C.花萼片，D.花瓣片，E.雄蕊，F.子房，G.果实开裂情形H.果实。

1947 年《科学世界》上的荠植株图

寻。那时候，他对于这些事情，比在学堂里，比在家里都有趣得多，所以总很高兴地去做。"

春天，旖旎的丽日风光，往往会激起掘野菜者的歌唱欲。1935年，著名音乐家胡敬熙就曾创作过轻松活泼的《马兰头》《挑荠菜》等两首儿歌，其中"铡铡铡铡，铡铡铡铡，割满兜，回家走……哑哑哑哑，哑哑哑哑，时鲜货，对胃口！"的歌词朗朗上口，仿佛把歌咏者领入了大好春光。1937年，"乔木"刊发在上海《希望》杂志的民俗文章，也记录了诙谐活泼的野菜俗谚："打了春，赤脚奔，挑野菜，摘茅针"，颇有"劳动号子"的节奏感。采野菜归来后，"乔木"创作欲喷涌，他提笔写下首民谣，其中一段唱道："挑野菜哟！瞧，春来第一个好太阳，坐在土上你闻得见香，挑野菜哟！"1945年，《光化日报》某作者回忆了故园旧景，女童挖野菜时哼唱的小调时隔许久，仍回荡在作者耳畔："六、七岁小姑娘，就会拿着小脚刀走到田岸边，在草丛中拣看了掘起来。自己吃不完，到市场上喊卖，天真烂漫地像唱山歌般闹着。十年前，满满的一篮只要十几个铜元。我在故乡，到了早晨，总是给他们五、七个一群，此唱彼和，惊醒了好梦。可以改唐诗为'春眠不觉晓，处处马兰歌'。"

在动荡不安的特殊年代里，一些久违野菜的文人也会因野菜之思，叹息世道艰难。1947年，著名植物学家裴鉴在《科学世界》杂志上撰文，讲授了荠菜的植物特征与食用方法。行文中，裴鉴结合自身经历，发出感慨："回想到抗战时光，我居住在蜀中乡间，每到春日，无力购菜，必挑荠以作蔬……抗战胜利后回到上海，想吃荠菜，还要花数百元一斤去买，不及自己在乡间挑的嫩且肥。现在是烽火遍天下，想回乡村的人也不能了……农村真是毁灭了！荠还是年年如是地维持着他的繁荣生长，等待着乡村的人们归去。"

野菜是最亲近大地的灵魂。春日吃野菜除了芬芳齿颊，也是在寻觅渐远的"根"啊！

乡野春菜旧时味

第六章
春风又绿浙海岸，正是苔菜送鲜时

冬春时节，我国北至辽宁、南到福建的海岸线上，都会蓬勃生长出一丛丛娇嫩欲滴的翠绿。这种由单层细胞组成的藻类植物名叫浒苔。浒苔既是威胁港口航道安全及近海水质的"魔鬼"，又是沿海老饕碗里点石成金的"天使"——将其加工成苔菜则能鲜掉人的眉毛，佐餐下酒都是一流绝品。不仅如此，水产研究者还发现，浒苔竟然是一种"高蛋白、高碳水、高矿物质、高维生素，却又低脂肪、低热量"的高营养价值藻类。说起浒苔的"吃史"，盛产高质量苔菜的宁波无疑是"当家主角"。每到冬风席卷灰鳖洋、春风拂过甬江口，宁波人总会因为"苔菜季"的来临而情不自禁地食指大动。

采收大海馈赠的春菜

宁波沿海出产的苔菜早在百年前就声名远播。1903 年，《浙江潮》杂志称当时隶属台州府，现归属宁波的宁海县大量出产优质苔菜，"上海、宁波皆待给焉"。百年后，宁波地区仍是一流苔菜的"故乡"——汪本学与张海天合著的《浙江农业文化遗产调查研究》介绍，在宁波奉化莼湖镇河泊所村，"东至施银山、西至黄家滩、南至鸿峙港的泥涂咸淡适宜，为苔菜生长提供了一个优良的环境"。产自那里的"河泊所苔条"品质上乘，享誉海内外。

绝美的苔菜着实来之不易，渔民们往往要顶着凛冽的海风下水采收，真可谓"一份辛苦一分鲜"。

早年间，采收苔菜是宁波沿海渔民冬春季节的重要工作。1962年3月，《宁波大众》在描绘象山县热火朝天的苔菜采收景象时，记录了当地流行颇广的"苔菜号子"："三月苔菜多如泥，妇女孩子下涂去。嫩苔采来当小菜，括拢老苔作基肥。"这篇通讯的作者还胪列了当时象山本地民众享用最新鲜苔菜的两种方式：一种是"嫩苔腌起来吃，凉爽可口"；另一种是"晒干当菜，香气扑鼻"。自己收来自己尝，这样的苔菜，一定美味加倍吧！

1960年盛夏及1961年3月至4月，舟山水产学院（今浙江海洋大学）青年教师邬坤富来到宁波象山，专门考察了当地浒苔的生长习性与生产状况。回程后，他将田野考察的收获撰成《象山港浒苔初步调查报告》，发表于《浙江农业科学》杂志。这篇60多年前的报告详尽记述了前工业化阶段象山渔民采收苔菜的渔家技艺。下面不妨就跟着邬老的记述，回望一个甲子前东海渔民的苔菜"丰收季"。

当时渔民们家家户户都会备上一套专业的苔菜采收工具："采集工具有苔耙、苔拖、竹筏等，苔耙似农具之铁耙，竿长两米，耙钉十二齿，用竹削制，用于拉集浒苔。苔拖似框，用竹编制，大小不定，一般以每拖能盛 150～200 斤为宜。竹筏用作运输工具。其整个采集过程是：趁潮水落时撑筏而出，下涂采集。每人用苔耙拉集浒苔，置于苔拖中。苔拖满后拉到竹筏上倒置。在采集中应注意苔耙不能扎得过深，以免带泥过多影响清洗"。

随后就进入清洗环节："工具为苔箩，一种宽格箩筐。将运来之浒苔放入苔箩中，用淡水冲洗，去除泥沙、碎壳，然后分成等量大小之苔束"。清洗妥当的浒苔会被拿去晾晒，这是最关键的一步："洗净之苔束置于绳或竿上，让日光和风进行自然干燥。其法有二，一种是将苔束直接拉开置于绳上。此法手续简便，干燥容易，但外形较为凌乱，群众称为'乱头苔'。另一种将苔束置于绳上，待表面干后再向外摊，外形较为雅观，称为'盒子苔'。"邬坤富也观察到晒苔条对天气要求极为苛刻，一旦阴雨绵绵，那么渔民辛苦收获的苔菜只能"捂烂"，沦为牲畜饲料。1994 年，宁波市农业部门印行的《宁波农业名优特产》，制定了评判优等苔菜的参考指标："条整齐，干度足，色碧绿，鲜艳而有光泽，味道清香，洁净无杂质"。对照邬老记述，想来在机械化加工之前，一束高质量苔菜的诞生，恐怕主要还是靠老天"赏脸"啊！

好不容易收获、加工好的苔菜在保存上也要格外小心。1987年出版的《浙江土特产简志》介绍了老一辈宁波奉化渔民妥善保存苔菜的"土法"："洗净晒干后，分级打包成件。收藏一般用晒干的稻草垫底，苔菜篰（竹篓）用咸草或蒲草编织而成，以防止受潮变质。"

激活食材的鲜味密码

苔菜是菜，又不是"菜"。在懂行食客眼里，苔菜更像是蚝油、鱼露，只消一点便能赋予其他食材诱人的大海风味。

说到苔菜美食，最具"宁波印记"的非千层饼莫属。最晚在1895 年 6 月，开设于上海虹口的"王生泰"号便已开始制售"浙（江）宁（波）茶食重酥千层饼、苔菜饼"。到了 20 世纪中叶，苔菜千层饼已然成为外埠认定的"宁式点心代表"。1940 年，朱庭筠在《宁波的衣食住行》里点评道："宁波土产品以'宁波年糕'最为著名，其次苔条饼、方糕"。

1937 年，儿童书局出版的一部奉化土特产指南，讲授了千层饼的制作工艺与门类："千层饼除面粉、糖外，加苏打粉，使焙烤时发酵，增大体积。有一种叫苔菜千层饼，另加苔菜末，和面粉、苏打粉用糖拌匀，味香色美。比较没有苔菜的，要好得多！有名的商店，如王永顺等，全年出品当在数千担左右，销量真可观呢！"宁波的苔菜千层饼也影响到了长三角地区许多其他城市，特别是上海地区的类似点心。1958 年，上海市糖业糕点公司加工部编辑的《上海各式糕点制法》，收录了万泰糕饼店老师傅孙绍式的"苔菜饼"手艺。仔细核对食谱，不难发现那种上海市糖业糕点公司大力推广的"苔菜饼"，其实极有可能是起源自宁波的苔菜风味千层饼，至少两者之间存在紧密的谱系关联。

除了苔菜千层饼，苔菜"油占子"（小麻花）和苔菜味月饼也是颇受欢迎的传统苔菜点心。1983 年出版的《中国糕点集锦》收

20世纪30年代上
海报纸的宁波苔菜饼
广告（一）

20世纪30年代上
海报纸的宁波苔菜饼
广告（二）

录了苔菜"油占子"条目，并对这种小吃解说道："苔菜'油占子'是宁波特产糕点小吃，只有寸把长，表面呈青绿、墨绿，碧里透黄，四条细小的油条子绕绞在一起，小巧得玲珑可爱"。美食家们总结了苔菜"油占子"的口感——"甜中带咸，咸里透鲜，香酥可口，风味独特"。苔菜月饼"火"出圈的历史相对更久。在近现代上海市面上，正宗的"宁式净素苔菜月饼"堪称月饼界的"贵族"——查阅《申报》广告记载的售价，当时的宁波苔菜月饼往往要比苏式月饼贵上整整一倍。与此同时，用苔菜点缀的坚果也是一道经典的宁波（浙东）小吃。20世纪60年代国家饮食服务部门修订的招待菜谱里，"炸苔菜花生"和"炸苔菜瓜子仁"都傲居"推荐小吃"名录。

苔菜配海鲜，既"海上加海"，更"鲜上加鲜"。甬菜里苔菜与海鲜的经典搭配，就是一个"拖"字。20世纪上半叶，江浙宴席里经常出现一道今天已不再流行的大菜——苔拖带鱼。1959年，上海市饮食服务公司整理的《带鱼食谱》详细说明了苔拖带鱼的烹饪诀窍："将出骨带鱼肉切成一寸半长、三分宽条块，放在钵头里，加葱花、盐、酒、味精及胡椒粉拌和，用筷子夹住鱼块，裹住粉液，放入热油锅炸四分钟呈金黄色时则成。"声震四海的苔拖黄鱼，令多少海边儿女光听其名，便已忍不住垂涎三尺。1960年，第二商业部饮食业管理局编纂的《中国名菜谱》便将"苔菜拖黄鱼"遴选为国菜代表。1973年，上海市饮食服务公司组织编写的《烹饪技术》，收录了苔菜拖黄鱼的食谱，编者赞美这道融汇两种海鲜的精致菜肴道："色泽翠绿带黄，香味浓郁，外层酥脆，里面鲜嫩，既可当点心，又可下酒"。

　　除了"海里游的"，"地上跑的"也能因苔菜的激鲜而脱胎换骨。譬如猪肉做的"苔菜小方烤"，就让红烧肉跃升了好几层境界。1981年，宁波商业技工学校烹饪教研组选编的《家庭烹调与菜谱》，全面介绍了"苔菜小方烤"的烹调要领。首先是将洗净的猪肉抽去肋骨，切成八分见方的小块，随后添加料酒、红腐乳、酱油、糖、猪肉原汤汁，按常规的红烧肉做法加工猪肉块。紧接着，这道菜的灵魂——苔菜登场了，这是一轮热油激情与厨师手速的"较量"："炒锅置旺火上，下猪油五两，烧至五成热时，放入苔菜速炸一下，立即用漏勺捞出，放在盆的另一边。撒上白糖四钱，和（红烧肉块）拌匀即成"。为何要这么强调炸苔菜的"手速"？提供秘方的厨界老前辈写道："速炸速取，防止炸焦味苦"。

　　春风又绿浙海滩。端杯春茶，大嚼香椿的你，可别忘了也在菜里加一撮新苔啊！

春风又绿浙海苔

第七章
烟花三月醉此处：百年前杭帮菜的西子风韵

　　说到杭州，许多人的第一印象便是西湖。谈起西湖，除却平湖秋月、断桥残雪、三潭印月等风光绰约的"西湖十景"，湖滨阵阵飘香的酒楼餐馆，湖水哺育的各色鲜货亦令游者难以忘怀。1939年，《社会日报》称楼外楼"为杭垣名厨，醋鱼呛虾，久著盛誉。而位居里湖之滨，景色宜人。游杭士女，无不以一嚼楼外楼佳肴以为快"。边观西子风光，边尝湖鲜佳肴，如此游览，怎一个惬意了得！其实西湖赐予杭帮菜的灵魂，不只是佐餐的秀美风光。杭帮菜从食材到文化底蕴再到代表性店家，丝丝缕缕都与西湖唇齿相依——杭帮菜是西湖滋养出来的，而它又成为西湖的味觉符号。

一口肉香漫苏堤

　　"西湖三堤"（白堤、苏堤、杨公堤）是西湖唐宋风韵的鲜明印记。苏堤得名自时任杭州知州、文豪苏轼。较之白居易、杨孟瑛二人，苏轼"留给"西湖的文化资产显然更胜一筹——浓郁的甜香散漫开来，越过苏堤，在湖面荡漾着。对，这就是以苏轼自号为名的杭帮金牌菜——东坡肉。

研究苏轼生平的学者公认，"东坡肉起源于徐州，成名于黄州，扬名于杭州"。那么杭帮东坡肉为何能让东坡肉声名远播？除却杭城的社会经济优势，杭帮菜的风味传统和调料选择，亦为更多食客接受东坡肉创造了有利条件。而其中尤为关键的一种，就是优质绍兴酒（黄酒）。绍酒不单能去除猪肉腥气，更能与冰糖、生抽、老抽等作料合作，将肉本身的风味物质激发出来，调和出"甜而不腻，入口即化"的美好体验。

回眸近代杭州饮食江湖，东坡肉几乎是无处不在。1949年，《立报》作者回忆称"赴杭地友人家里吃家常便饭，于菜谱中恒有东坡肉一味，颇足下饭。非特此也，若杭地酒饭店里也以东坡肉为必备之菜"。在百年前的杭城酒家，用何种器皿装东坡肉可是必须留心的要事。1939年，《晶报》指出，上品东坡肉必须瓦罐煨烧，并用原装瓦罐装盛上桌。如此方能锁住肉中水分，保留鲜香风味。今天，各地东坡肉的烹制已大为简化，对装盛器具也不再做严格要求。想必味道会有些许差异吧。

东坡肉固然好吃，但杭帮菜的红烧肉并不仅限于东坡肉一隅，不叫"东坡肉"的杭州红烧肉一样惹人生馋。1926年，《苏州明报》的作者记述："去年我回杭州去，在贯桥上一家饭店吃饭，他的红烧肉，真是可口。火候既足，肉烂而不走油"。这碗惊艳味蕾的红烧肉令作家难以忘怀，文末他特别嘱咐读者："诸君到杭州去，不妨去试一下，方知红烧肉之味佳也！"同样，在近现代杭州也有从绍兴输入，继而本帮化的另一类"东坡肉"。1933 年，尹民发表于《时事新报》的文章称赞"独有浙江的东坡肉暖锅，又清爽，又鲜美，实在足以压倒一切"。这种暖锅，便是以油豆腐酿糟肉版"东坡肉"打底的一道杭城冬令美食。

杭帮菜善烹猪肉，"盐件儿"又是一条佐证。这是杭州人钟情的一类咸肉，杭城百姓冬季餐桌少不了它。1934 年《东南日报》的一篇美食文章介绍，那时"大凡来自京、沪、苏、皖一带的人，都知道到了杭州，除吃西湖的醋鱼、醉虾莼菜以外"，"'盐件儿'也实在非尝不可"。鲁迅挚友、日本文人内山完造也曾深入了解过"盐件儿"，他在一篇文章中谈道："有一种叫盐件儿的东西，就是用盐腌的猪肉，好像跟镇江的肴肉一样。不过，肴肉是切成像日本羊羹点心似的长条形状摆在盘子里的，而'盐件儿'却正如它的另一个名字叫'家乡肉'一样，是很随意地装在盘子里的乡下肉食，咸味更重。盐件儿是杭州清和坊的王润兴店里的名菜。"早年间，杭帮厨子还把"盐件儿"做成了可口的盖饭。1946 年，"老响"发表于《时事新报》的散文写道："杭州王润兴等的几家饭店里，都有'件儿饭'的名目，就是把'件儿'作为饭浇头，像上海的菜饭店里四喜肉饭、排骨饭一般。"

最喜鱼虾满仓跃

1943 年，《力报》发表的美食随笔指出："杭州食谱之中，最富盛名，而使人齿颊留芳，传诵不衰的就要算鱼虾了。"作者着重交代了自己总结的杭州吃虾心得："虾的方面，当然以西湖里产生的味最佳而最鲜，而又最活跳。一碟乳腐卤醉虾，正是大快朵颐之品。"那么如何鉴别鲜虾是否产自西湖呢？作者传授了诀窍："产生西湖的虾，其色泽是土黄的。而发青色的，大概都是从临平、长安、嘉兴这几方面来的。"作者还提到，在当时的西湖滨，经常会有本地食客边赏湖景边静候渔人钓捕醉虾食材："我们杭州人在下午到里外西湖沿的凳子上坐坐散散心，看看几个钓虾的渔人们垂钓。等到夕阳西下，向他们购买这批鲜虾回去，用上好酱油或是乳腐、卤汁一醉，稍微等十几分钟之后，就可以拿来吃了，作为佐酒之需。"不过，作者也善意提醒道，杭帮醉虾如同宁波红膏呛蟹，不习惯的食客恐难尝到妙处，反而容易感到不适——"鲜虾还是活泼泼的，在嘴里跳跃不休，这种滋味非要老于此道的才会尝试一下。假如吃不惯的看了，一定要咋舌不已。"

　　鱼在杭州菜里究竟又有多重要呢？ 1948年《新闻报》刊登的天香楼杭菜馆广告，胪列出了主打的六道"杭州名菜"，其中除"美味酱鸭"不是鱼菜，其余"西湖醋鱼、鱼头豆腐、爆鳝鱼背、冬笋步鱼、清汤鱼圆"均以鱼类为首要原料。

　　说到杭州的鱼菜，最名震中外的自然是西湖醋鱼。所谓醋鱼并非用醋煮鱼，而是因为浇在鱼上的酸甜口芡汁，以老陈醋为"君"，故得其名。1911年，《俞氏空中烹饪：教授班》杂志详细开列了醋鱼食谱。在谈及鱼的品种时，该食谱明确指出应采购草青鱼。1936年，《京沪沪杭甬铁路日刊》的旅行指南解释了为何要选用草青鱼：

1931 年《图画时报》上的杭州市民泛舟西湖图

1946 年《新闻报》上的杭帮菜酒楼广告

"其肉松脆，味鲜美"。同文还提及了饭馆对西湖醋鱼用鱼的大小亦有细致要求："选择至严，大概每尾均需长尺余，过小过大者皆弃去。"果真好吃的菜肴，都离不开挑剔的烹饪啊！

近现代西湖醋鱼制作工艺谈不上"机密"，但的确存在"真传"和"外传"的差别。1936 年，《金刚钻》有一篇杂记提到，西湖醋鱼的正宗发源就在楼外楼，而撑起这道绝世"当家名菜"的，正是楼外楼大厨阿渭："老厨阿渭，擅烹醋溜鱼，有秘法。在楼外楼充任垂廿年。今杭市酒菜馆所有烹醋鱼者，均阿渭之徒子徒孙"。1934 年阿渭辞世，一时杭城震动，时任杭州市市长周象贤深感叹惜，特委托文人陈小蝶撰词致哀。阿渭生前带徒不少，但据 1936 年《世界晨报》观点，得到真传的仅有两人。一位接过师傅阿渭衣钵，在楼外楼继续掌勺；另一位则被岳庙附近的庆元馆高薪聘去，另立起西湖醋鱼的第二"重镇"。

1935 年，作家"老张"在《时代日报》发表的西湖游记里提到了醋鱼提鲜的"秘密"："西湖边的几家菜馆，如楼外楼、杏花邨、明湖春都是临湖的，他们把做醋溜鱼的鱼都预先养在湖面上，一个木栅子的水柜里。使关在里面的鱼，能够吞吐活的湖水，使它游泳自由，不至于像是摆在鱼摊上那样的缺少活力，所以烹制起来的鱼肉，是灵活无比。"

顺带提一个有趣的现象。过去，西湖游船曾与湖滨酒楼携手，搞出一套旅游促进餐饮的"新潮"模式。1946 年，《新上海》的一篇文章对此记述道："你如果在西湖的游艇上突然肚饥起来，舟子就会立刻介绍你到楼外楼或太和园去吃一顿。他们与这两个菜馆都有联络，如果是舟子介绍来的客人，舟子便可白吃一顿，而且还可以'吃了又拿'，客人账单上'船吃'一项的钱，就由菜馆交接舟子的。两菜馆各有一个堂倌专司其职，他招呼靠船，引导客人上楼，应付舟子。"此番行云流水的运作，恰是西湖菜与西湖游相辅相成的一处历史缩影吧！

翠碧莼菜点龙睛

1936 年，《浙江商务》的西湖美食推荐有言："西子湖的游客，饱览了西子的秀色，不尝一尝湖上特有的醋溜鱼和莼菜羹风味，谁都会感觉得未免辜负了西湖，虚有杭州之行。"上文说完了醋鱼，接下来就谈谈西湖的莼菜。

莼菜是一种水生草本植物，春季采摘的纯粹嫩叶是极为珍贵的蔬菜佳品。1942 年，《力报》的美食文章写道："三春时候去游杭州西湖的，不论吃荤吃素，非要饱啖湖上的莼菜羹不可，否则就似乎失去他们此游目的之一了"。然而颇为有趣的是，西湖莼菜虽然芳名远流，但由于种种原因，西湖本身产出的莼菜极少，甚至为了满足食客的"莼鲈之思"，西湖酒家还需从外面运来莼菜。1937 年《上海报》透露：莼菜"其产生之地，实为杭州之西湖，顾近来西湖出产已少，大率来自萧山之湘湖。"缘何西湖土产的莼菜越来越少？ 1936 年，发表在《上海报》的《西湖莼菜》披露了真相——首先是游客扰乱了西湖莼菜生存的水环境：20 世纪初以来"湖中之莼菜根，多被旅人摧残殆尽，至今幸存者，仅三潭印月一处，故产量不多，名贵异常"。其次，1934年杭州经历了严重夏旱，这殃及了西湖莼菜的生长："不仅当年之生产大减，即次年亦连带歉收"。令人欣慰的是，2011年，西湖莼菜被列入浙江省首批农作物种质资源保护名录，西湖莼菜的重整旗鼓也看到了希望的曙光。

近现代西湖莼菜的最主要吃法是做成汤羹。1947年，马达发表在《真报》的琐谈认为好莼菜的品相是"状若浮萍，作青紫色，叶梗上含有一种凝腻的水分，晶亮而滑"。马达告知读者，莼菜烹调须格外精细，最好是"和肉丝、笋片或塘鲤鱼在一起煮汤"，能鲜掉人的眉毛。前文曾引述过的，1935年造访西湖的那位"老张"在游记里亮出了莼菜汤的另一"秘方"："莼菜的本身除了富于黏性的液质以外，是没有什么鲜味。在烹调的时候要看你的汤好不好，然不外乎火腿汤。亦有用肉汁者，而其味总觉稍逊。"

莼菜娇贵不易保鲜，一些有心人相继想到制作莼菜罐头，让阳春三月的西湖风吹向四面八方。1936年《浙江商务》介绍，民国年间杭州有两位实业家先后开厂生产莼菜罐头。1912年，吴仲英开办了中英莼菜厂，后由茶叶商周尔昌接盘，该厂注册使用"双喜"牌商标。1922年，王正清在杭州东平巷创设三阳观莼菜厂，以"万象"为商标出售玻璃瓶莼菜罐头。罐头成功帮助杭帮莼菜远销他乡，扩大了影响——20世纪20年代，玻璃瓶包装的"西湖"莼菜罐头就已打开上海市场。每到尝鲜季，法租界三阳观莼菜罐头的销路，总是无比畅旺。

　　1947年,《新上海》杂志盛赞:"悦小来的酱鸭,高长兴的咸肉,王润兴的鱼头豆腐,西园的混鱼,正兴馆的面……非但杭州人相信它们,就是外路人吃了,也赞美不绝,真具有'美味东南'的成绩!"这个总结堪称绝妙。杭州无愧于"美味东南"这顶桂冠,而"美味东南"的标签,又无疑是杭城尤为重磅的文化形象。山外青山楼外楼,西湖风味永不休。如果你要读懂杭州,如果你想畅游西湖,不妨就从舌尖开启一段梦幻之旅吧!

西子风韵杭帮菜

江南烟火

夏

第八章
辞春迎夏：百年前长三角的枇杷旧景

　　枇杷是一种原产中国的大众果品，其人工栽培史至少可以上溯至汉代。五六月间，特别是端午前后，南方各地枇杷渐次成熟，金黄里透着丹红的累累硕果挂满枝头。在潮闷的初夏江南，一口甘甜微凉的枇杷总能让人稍解暑气，怡然自得。作为当今中国枇杷名产区的汇集地，长三角地区近代以来已是中国枇杷版图上一块耀眼的光斑。百年前，富庶的浙苏沃土滋养出了怎样的枇杷盛景？我们不妨就寻着前人的足迹，来到亭亭如盖的枇杷树前，与春日挥别，向夏天问好。

浙苏山水酿蜜果

　　近现代以来的枇杷名产地星罗棋布，各具千秋。但要论知名度、代表性，它处的枇杷显然无法与浙、苏二省所产媲美。这般优势深得时人认可。1937 年，杰出农学家曾勉在《园艺》杂志上撰文，系统对比了长江以南各地枇杷的品质高低。曾先生的结论明确、直观："中国长江以南诸省，枇杷皆可栽培。然就品质而论，北不如南。以下列四处，出产为最多：（一）浙江杭县之塘栖；（二）江苏吴县之洞庭；（三）福建莆田县之龟山；（四）江西之安义县。"浙、苏两省枇杷在业内权威心目中亦是"榜首"，其重要地位不言自明。

先谈谈浙江塘栖枇杷。

塘栖，坐落于杭州市临平区，是典型的运河沿岸村镇。据陈其峰 1993 年发表于《中国农史》的考证，最迟在清光绪年间，塘栖丁山湖畔已广栽枇杷，并催生出了一定规模的产业。但是直到 20 世纪初，塘栖枇杷的种植产业才由点及面，并达至鼎盛期。百年前塘栖枇杷的种植规模如何？ 1930 年，《自然界》所载的汪仲毅调查显示"距塘栖镇周围凡三十里以内，皆为枇杷产地"。方圆数十里的河畔水边都密植着枇杷树，如此宏大气派，很难让外来者不惊叹、不称羡。

近现代塘栖所种枇杷，以"软条白沙"为最优，其他品种亦有广泛栽植。1932 年，《时事新报》派驻杭州的"特约通信"发现，作为商品，塘栖引以为豪的"软条白沙"实有三方面"硬伤"——"雨后容易裂果""收获量少""不耐贮藏"。受此影响，"软条白沙"的种植量相对较少，主要面向高端市场。口感相对较次却产量高的"五儿""青碧"，以及"外观之美为枇杷之冠"却憾于味道平平的"大红袍"，反而占据了更多份额。

再看看江苏洞庭枇杷的态势。

近百年前，"蚕老枇杷黄"是苏州童叟皆知的农谚。1936 年，

《大公报》随笔释义道："春蚕上簇时，山上的枇杷便也开始渐渐地黄熟了"。枇杷是春末夏初苏州近郊的时节符号，也是苏州名声响亮的土产代表。1937 年，《大公报》评价苏州"所产枇杷，素有盛名，如光福区之窑上枇杷、洞庭东山之白沙枇杷，均属脍炙人口"。

江苏的洞庭枇杷对水土很是挑剔，大有"南橘北枳"之态。1935 年，农学家顾志清走访发现，洞庭地区的枇杷"山坡栽植为多数"。有趣的是，一旦脱离了洞庭山的水土，枇杷似乎总少了些什么，难以复刻经典风味。1949 年 6 月，《铁报》的一位作者感慨道："说也奇怪，洞庭山上的土壤似乎对枇杷特别适宜，我故乡（苏州城内）家园里有几棵枇杷树，虽然也是从洞庭山移植而来，但结的果实就不如山产远甚"。甚至在洞庭山区，一东一西之间都存在着霄壤之别。1928 年，胡昌炽发表在《中华农学会报》上的《江浙果树调查》一文，就揭示了洞庭枇杷种植的分布规律："东山出产为多，又以搓湾所产，品质最优。在西山出产不多，仅以秉长里之青碧种为最著"。

近现代洞庭山区所种枇杷品类繁多。1937 年，曾勉归纳洞庭枇杷的主要品种为照种、细种、灰种、牛奶种、凉扇、鸡蛋红、牛奶红。不过近现代洞庭地区的枇杷种植较之塘栖要粗放许多，尤其是在品种管理方面颇显"粗枝大叶"。1935 年，顾志清就在他的总结里忧心忡忡地批评道："单纯林者，鲜有发现，品种良莠混入"。

谈及品种，无论是浙江，还是江苏，近现代长三角的枇杷种植与消费者们都更推崇"白沙"枇杷。1947 年，《群报》就此现象言

1935年《良友》杂志上的枇杷包装摄影

1944年《力报》上的枇杷膏广告   1937年《园艺》杂志上的塘栖枇杷树

简意赅地评价：枇杷"有黄沙、白沙之别，白沙的汁多味甜，尤为上品"。塘栖所种"白沙"枇杷本不多，但是1935年《东南日报》的一篇观察指出："近年来，以白沙枇杷之味鲜美可嘉，销路甚旺，为社会人士最欢迎，故塘栖一带，改植白沙者甚夥，产量年有增加"。市场驱动下的品种易换，足以验证"白沙"枇杷格外诱人。

枇杷的"白沙"与"黄沙"，其实是大类区分，江浙果农还分派出了更小的品种划分。1933年，《兴华》周刊的杂谈，细说了塘栖白沙枇杷的"硬""软"之别。其中更优的"'软条白沙'，实小柄软，形圆而略长，一枚一核，浆水很多。剥皮时淋漓指间，味如蜜而鲜。皮色、肉色一如硬条，惟皮上有芝麻样的斑点。又有一种特色，就是它的皮绝薄，剥下即卷"。对于挑拣"白沙"枇杷，懂行者也总结出了一些实用诀窍。1931年，浙大农学院《新农业》杂志就批评："近来市上贩卖之枇杷，往往以普通枇杷冒充'白沙'枇杷"。为匡扶市场秩序，农学专业的学生们向消费者支了一招——"取有果梗之枇杷，以手触折其梗，其梗易折断者，即非白沙枇杷。真白沙枇杷之梗柔软，故不易折断"。

看来枇杷虽小，却满是门道。若要细品其妙，恐怕不只要有些运气，更要练就一番手感和眼力。

枇杷好吃树难栽

枇杷虽不像某些名贵水果那么"娇气"，但真要侍弄好枇杷树，使之结出甘甜如饴的果实，也绝非一件轻松容易的事。

首当其冲要解决的就是苗木来源。若用种子播种，枇杷树从落种到结果少说也要 5 年左右时间。考虑到这点，果农大多采取嫁接的"快捷"模式。1945 年，农学家顾志清在《洞庭枇杷业之调查》里，介绍了当地枇杷苗木的来由与去处："经营人自行苗木之养成者甚少，大部系购自吴兴。幼苗购入后，再留养苗圃二、三年，于春分时令行切接……接活后或供自植，或以之运往香港，每棵售价二、三元不等。"果农想要获得性状更佳的良种，就更需日积月累，不断试验。1935 年，赵丕钟在《苏州洞庭山枇杷生产调查》一文里提到当地种植最普遍的是"照种白沙"枇杷，而这个良种系"搓湾王秋涛家佣人贺照山氏所采得之，接穗繁殖而成"。一位名不见青史的"小人物"在身后留下了漫山遍野的甜蜜。前人栽树，后人尝果，这何尝不是历史的传承，不是一种崇高的致敬与怀念呢？

枇杷树的日常打理可粗可细，但有些环节必不可少。1932 年，《中行月刊》介绍了塘栖枇杷要在清明后"摘果"，即一根树枝上仅保留少量果实，避免成果营养不足——"其残留数目，依果实大小而异，如大红袍等果实大者，留一个至三个，细叶、杨墩等果实小者，则留四至六个。该地旧有大果'么二三'，小果'四五六'之俗谚"。在另一枇杷主产区洞庭，也有类似的农事传统，当地称之为"稀果"。

枇杷树对天气敏感，这也增加了花期、果期的养护成本。1937年，曾勉在他的长文《苏州洞庭与杭州塘栖之枇杷》中记道："塘栖人有言：'栽培枇杷，关口有三：一曰冻（气候太寒），二曰烧

（阳光太猛），三曰淹（雨水太多）"。在成熟期，枇杷很怕过量降水。1959 年冯明轩编写的农技手册《枇杷生产经验》谈道："雨水过多会影响果实着色及品质，甚至结果不良。尤其在果实转黄即将成熟时（小满前后），大量降雨会引起'裂果'，果农称之为'枇杷哈哈笑'。"

枇杷虫害不多，但挂果之际要尤为当心。1922 年，江苏省立第二师范学校的杨启泰对洞庭地区的窑上枇杷进行了考察。杨启泰记录了当地农民对付枇杷"大敌"——天牛的除虫办法："山民用铁丝向蚀孔插入刺死之，其深而不及者，则用火柴塞没其孔，俟其自啮而毙，或有用煤油灌下溺毙者"。一些相对现代化却并不生态的治虫手段也渐渐运用起来。20 世纪 30 年代，塘栖枇杷已开始施用农药。1935 年 10 月，塘栖产区爆发虫灾，应当地政府邀约，浙江省昆虫局派专人携带大量农药前去洒药除虫。除了防虫，当枇杷成熟时，防鸟也是要务。1941 年，《中国商报》介绍枇杷行将成熟之时，农户们将迎来忙碌期："群鸟飞集，啄食以果腹，于是植树的人便结网网树，以保护果实。"更有甚者，1948 年，严士雄刊发在《莫厘风》上的洞庭枇杷产区访记提到，每值枇杷丰收季，当地果农都要上山"搭盖芦席篷看守"。

采摘枇杷的难度远不亚于前面所述的各细琐环节。1932 年，《时事新报》介绍了农户采摘枇杷的方法："用手将果实带梗摘下，放入八角形之篮内。采收高处之果实，则用梯架及竹制之钩子，人立梯顶，将篮悬于枝上，用左手执钩，攀取上部之枝条，而以右手采收之。"1935 年，一篇《苏州明报》的风物记提醒读者："采枇杷最难，采时须十分小心，将枇杷连柄摘下，不可弄伤皮上的细毛，否则枇杷立刻就要腐烂。"正是由于采摘工作专业性强，苏州光福地区历史上曾存在过为数不少的季节性枇杷女工，她们会在枇杷成熟期上山劳作，"大约每天可得四五百文"。

一果结得千金来

枇杷的经济价值，一如其常见的表皮色泽，是名副其实的"黄金果"。这个比喻在近现代语境里毫不夸张，因为当时枇杷的"产业链"，远比我们所能想象的要来得长。

近现代长三角枇杷业最直接的收益，还是来自贩卖枇杷。1931年，《新闻报》概述塘栖枇杷的经济效益称："每年产生的总额，约有三、四万担，值银达二十万元以上。江南、浙西各市上所售的枇杷，多数产于塘栖一带。该处人家，几乎没有不种枇杷的。每年各户枇杷的收入，少者四五十元，多者竟达千余金"。旧时塘栖枇杷的销路很广，1932年《申报》报道称"每届枇杷上市之际，平、津、宁、沪以及其他各大都市，咸来采办"。乘着旺销的东风，当地不少农民积极参与枇杷种植业。赵丕钟发表在《大众农村副业月刊》的观察反映，到1936年，塘栖农民"多者一家有枇杷园十亩，少者亦有二三亩"，其收益自然不俗。

塘栖枇杷的运销也仰赖滋养枇杷的运河水。1934年，《浙江塘栖枇杷考察记》披露了枇杷外运的生动细节："多用帆船，大小不一。兹就中等者言之，每船装枇杷千竹篓，重约四十担。自塘栖至上海，船价约十三四元，销路运往上海为最多，杭州、宁波次之"。同文还特别说明了包装枇杷的圆形竹篓——"高十五寸，口阔廿八寸，底阔十九寸，以竹篾编成，眼甚大，每篓容枇杷约四斤，篓底衬绿纸"。

即便不销往远处，洞庭枇杷也能在本地销路里觅得"真金"。1949 年 6 月，《铁报》的民俗文章就讲述了一个有趣的现象："枇杷在洞庭山上每银洋可买八十斤，即在苏州城内，每一元亦可买五十斤。所以，'跑单帮'的人看到此时上海正缺乏岭南的珍果，就把脑筋动到了苏州的枇杷上去。他们贩来之后只要卖得出去，就可以得到八倍至十倍的利润，任何单帮生意都没那样好。"

枇杷花是百年前高品质蜂蜜的重要蜜源，这也是一门生意经。1935 年，施隐农在《中国养蜂杂志》撰文指出："枇杷为浙西三大蜜源之一，各处均有之，惟杭县之塘栖为最多。各地蜂场在夏季采乌桕蜜后，多赴该处越冬，并采此蜜"。由于当时洞庭果农普遍排斥蜂场，因而塘栖成为了近代长三角枇杷蜜（俗称"上白蜜"）的主要产区。百年前，枇杷蜜产量稀少。1933 年，《农村》杂志记录当年一队江西养蜂人到塘栖生产枇杷蜜，"平均每箱采蜜二斤不足，成绩平常"，但"所摇出之蜜汁极纯粹"。在供需杠杆撬动下，近代江南地区的枇杷蜜普遍售价高昂。1937 年，《大众农村副月刊》在调查江苏海门所产枇杷蜜时就有论断：枇杷蜜"为蜜中最纯洁、最名贵者"。

此外，20 世纪 20 年代在中国开始普及开来的罐头产业，也为长三角枇杷产区送去了商机。1947 年,《申报》上的《塘栖枇杷》一文描绘了当地枇杷经济步入工业化时代的图景:"新由树上摘下枇杷,其味汁之鲜甜,所谓'树头鲜'的枇杷果汁,皮破即溢,与采下经时的枇杷滋味,实不可同日而语。上海梅林公司,亦在塘栖设立分厂,以极新鲜的枇杷装置罐头内,用科学方法保持此极鲜美的'树头鲜'佳味,运往京沪及国外等地"。

出乎多数人意料的是,在近代,小小的枇杷竟然也是地方旅游业的一股生机泉源。1937 年,苏福长途汽车公司专为苏州光福枇杷季开设了一条专线,接运城市客人到光福采摘枇杷,赏景郊游。"当枇杷上市之际,特配备最新式大客车,自五月廿九日起,至六月十三日止,开驶专车,直达光福"。一天开行四趟,最早一班清晨六点三十发车,末班于傍晚六点发车返程。每位双程的套票价,总计一元二角。除了摘枇杷,旅客们还能借机游览光福附近的许多名胜古迹。抗战期间,洞庭山区的果农也试着通过免费采食枇杷来吸引日渐稀少的外地游客。1941 年,《中国商报》报道称:"当此端午节前后,如果有外客前往山间游览,尽可在树间恣食,不过不能携带。"

化泥为膏润五脏

枇杷膏,有的地方又叫"枇杷露",是许多人缓解咳喘的"常备药"。中医认为枇杷膏能"清肺和胃,宁嗽下气,消痰降火",是一味用途颇广的良药。览观百年前有关枇杷的议论，有些文章也谈到枇杷膏这个"药食同源"的经典案例。

时人如何认知枇杷膏？1939年邹德民在《申报》上讨论了"国医与食养"的话题，邹文对枇杷膏的制备及疗效作了一段评述："枇杷叶功能止咳化痰，清热润肺，药铺取以熬膏，并将其叶蒸露，以疗咳嗽。但用其叶时须刷去其毛，否则反能致咳。感冒初起咳嗽，固不甚宜，稍久之咳，食之尚有小功效"。

而今我们购自药店的各类枇杷膏，最重要的用料基本是枇杷叶。这种相对更为药用化的枇杷膏配方可在1930年的《上海医报》里一睹芳容。医家沈静珠披露的这款枇杷膏，主料是枇杷叶、"深脐大梨"、白蜜、大枣、建莲肉，亦有针对病患多痰、吐血两类症状的"定制版"——分别额外加入川贝母1两、藕节21枚。在当时也有家庭版的用于调理滋补的非药用款枇杷膏。《益世报》推荐的"土法枇杷膏"就是这类，其做法是："先选择品质优良之枇杷，将果皮除去，将肉剖开一面，挖去其核，乃放入锅中煎之，并加入适量之清水。煮枇杷之锅子，如用铁质制成者亦可，最好仍用陶器制之锅子。煎煮之时，起初火势稍猛，尚无妨碍，至沸点后，火力宜缓。当枇杷之果肉煮至粥状时，乃可停止燃烧，将薄粥状的液汁，灌入细密之布袋内，滤去渣滓。将滤去渣滓后之液汁，然后再入锅中煮之，是名曰'收膏'，此时可加入纯净之冰糖，并可加入少许之红糖。等煎至厚度适宜时，即可将已经收膏之枇杷膏用器取起，盛放在洁净的陶器中。至火热度发散，变成冰冻，即可盖上固封。"

值得一书的是，近现代药企曾专门到优品枇杷产区选购原料，将枇杷膏变为枇杷特色产区的又一致富来源。如 20 世纪 30 年代，上海良园药厂就在洞庭东山设置收购点，取堪称"地道之品"的白沙枇杷制作枇杷膏。

百花开尽的初夏，沁人心脾的枇杷果香在舌尖绽放出绚烂"夏花"，甜蜜地开启了一年中生机最盛的那段时日。

长三角枇杷旧景

第九章
火焰蜜珠：梅雨季里忆杨梅

每年 6 月中旬至 7 月上旬是长三角地区终日湿漉、阴沉闷热的梅雨季。梅雨季又称"黄梅天"，指的是青梅转色成熟时的天气情况。不过对许多东南地区老饕而言，梅雨季里翘首以待的"梅"可不是黄梅。一颗颗色如火焰，味甘若饴的红紫球珠，方才是人们在湿热难耐空气里最渴望的时令美味。没错，它就是杨梅，7 000 多年前就已在浙江大地上繁衍生长的本土佳果。

水乡烟雨孕红珠

在我国，杨梅树的分布范围很广，华东、华南乃至西南地区都有规模化种植。不过对近代食客们来说，能"摆上台面"的杨梅，大多还是产自浙东、苏南。1934 年，吴耕民主编的《果树园艺学》就赞同这一观点："杨梅，产浙江、江苏、江西、福建、广东诸地……我国以江浙为其著名产地。"

钱塘江以东的浙江土地，被誉为"杨梅故里"。1939 年版的

《分省地志·浙江》给出的评价是"旧宁绍两府属各县的杨梅俱蜚声于市上"，此段引文中宁、绍所指，即宁波、绍兴（包含旧属绍兴的今杭州萧山）。浙东杨梅名产区更细化，可在1932年浙江省立农业改良场科学家编纂的《浙东杨梅调查报告》里找到答案："尤以萧山、余姚、慈溪、黄岩、永嘉等，更为著名"。

萧山杨梅是深得近现代浙江食客欢心的名果。1936年，沈吉安在《浙江青年》杂志上盛赞："萧山所产的杨梅，就是所谓'湘湖杨梅'，肥大鲜美，最负盛名。"沈氏还进一步指出，"在绍兴一带所产的杨梅，他们也假冒湘湖杨梅。杭州水果店的招牌上都写着'湘湖杨梅'"。1937年《时事新报》也惊呼当地市场里"真正萧山杨梅，占不到十分之二"。被仿冒者的地位与价值，自不必多言了。

慈溪、余姚、上虞三地毗邻，构成了近现代乃至后来很长一段时间浙东高品质杨梅出产的核心区域。1937年，农学家曾勉在其调查《浙江沿海各县之杨梅》里称赞了慈溪杨梅的规模与品相："浙省出产杨梅，其品质最佳而栽培最盛者，当首推该县"。老慈溪县城以西各乡所栽的杨梅，是近现代浙东区域数一数二的良种。1932年《申报》介绍慈溪"西乡所产，名唤'荸荠'种的，核小味甜，尤为著名"。上虞的杨梅产业也非常繁荣，1937年，昆虫学家方文隆报道称"上虞杨梅栽培区域达二十乡镇，约计有六万株"。余姚和上虞交界处的五夫，是杨梅旺发地带。1934年，《京沪沪杭甬铁路日刊》记述了当地杨梅季的壮观场面："由五夫、驿亭两站装车到宁波，再在宁波转装海轮运沪。故每年在这杨梅全盛的半个月里，每班由曹（娥）开甬的客车，没有不'满坑满谷'的，把这行李车、零货车，以至于牲口车都装得堆积如山。"

近现代苏南杨梅的势头并不逊浙江半分。相形之下，那时江苏名产区较浙江来得集中，主要是苏州洞庭一带。杨梅是能代表苏州风韵的。1946年《光华日报》上的小诗《吴门佳品记四时》开篇出场的就是杨梅："苏州好，光福紫杨梅。"百年前，太湖第二大岛马迹山是著名杨梅产地。1930年，伍受真编纂的《马迹山导游》盘点了让人眼花缭乱的本地杨梅品种："上者曰'殿山'、'潭东'、'炭团'，次则'绿英'、'青蒂子'、'紫金铃'，一种色白如雪者曰'雪桃'，土名'白杨梅'，红白相间者曰'八角杨梅'。"光福杨梅名声在外，1924年，苏州籍文人华吟水形象说明了高品质光福杨梅的神奇之处："紫者圆硕而甘，以光福所产为胜。置之紫漆盘中，几莫能辨，此上品也。"

谈及浙东、苏南的杨梅故事，白杨梅不可不说。白杨梅又名"水晶杨梅"，农学家鉴别其果肉"成熟时为纯白色、乳白色、黄白色或白色带微红"。1930年，上海某作家形容白杨梅的果品特色是"肉色洁白如荔，汤味甘美如蜜，洁净可爱，入口即融"。近现代浙东、苏南的许多食客和梅农都视白杨梅为上品，万分追捧。上虞二都就是一个近现代白杨梅名区，1936年，《申报》的一篇文章评点当地白杨梅在形态、色泽、口感方面均远胜普通小杨梅："果大扁圆形，色白带黄，肉软核小，汁液丰富，其味甘美无比，啖时清香扑鼻。"

全周期"费功夫"的杨梅

莫要被杨梅果实的"刺头"外表迷惑，它实际上是一种很娇贵的果树。

杨梅从种树开始就"讲究"起来了。首先是选址。1951年，吴耕民、吴光林编撰了《杨梅的种法》，书中谈及杨梅树栽种选址的两方面具体要求：一方面是"在江浙一带夏季太阳强烈的地方，以向东或向北太阳较少的微阴地比较好，向南或西南的不很相宜"，栽种在避阳坡的杨梅树"寿命可以长而丰产"。另一方面，杨梅产区周边最好有若干面积的开阔水域，一个重要考虑是"江浙一带冬季气温较低，近于水泽可免冻萎"。

找对了地方，杨梅树从种苗到果树的蜕变也绝非易事。1937年《时事新报》说明了杨梅树培育的始末："隆冬时，将树枝攀压于地，上壅肥土。经一年后，其枝自能入土生根，再经三四年后，即能产早期杨梅。惟颗粒极小，如纽扣形。又须用'接木'方法，择其他树种之佳者，折其嫩枝，用刀裂其皮，扎于早期杨梅树之梢茎上，外面涂以肥土，藏于树荫下。经半年始成，至本年可结实累累，得肥大鲜甜之红杨梅矣。"

杨梅采摘的精细度直接决定了送到食客嘴边的是新鲜透骨的"红宝石"，还是糊糊糟糟的烂果子。首先要"抓时间"，赶在天气变化前抢收杨梅。1936年，《大公报》的一篇文章就此谈道："杨梅原是一种'风吹一半，雨落全无'的果子，因此纵然在大雷雨中，人们也要爬在树上，将熟了的杨梅采下来的。要是任它留在树

1937年《浙江合作》杂志上的杨梅林场

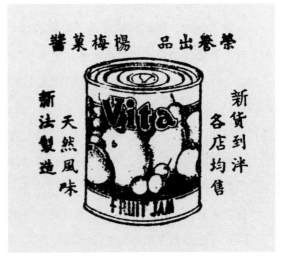

1934年《时代日报》
上的杨梅广告

1946年《益世报》上的杨梅果酱广告

上，那么不消一阵雨、一场风，便会把这些枝头上成熟了的杨梅完全扫在地上。于是，人家除了拾点落杨梅去腌渍外，一个小钱也不能够变了。"与"抓时间"的匆忙形成鲜明对照的，是摘杨梅时的"抓谨慎"。1935 年，汪呈因在《浙江省建设月刊》上公开了上虞、萧山等地果农采收杨梅时的要领："农民于清早或傍晚，提竹制之篮，入山采摘，采摘时每握至多三枚，过多则易伤及杨梅果肉而致腐烂。轻轻放入篮中，落于地上者绝不可混入"。果农心里对杨梅果子的优劣有柄标尺。1927 年《新闻报本埠副刊》"泄露"了个中奥妙："选择杨梅方法，可挑色黑紫而刺圆钝者，盖刺锐红色者，味多酸涩也。"这句口诀看着不难，但一颗颗捡杨梅，怕是也难免遭到店家嫌弃？看来想吃好杨梅，还是离不开"运道"二字。

离树后的杨梅腐烂速度惊人，在冷链运输尚不发达的时代，1960 年，浙江农业大学编辑的《果蔬贮藏加工学》介绍要如何保鲜杨梅："采后在自然环境条件下，放的时间很短，最多不过二、三天"。1941 年《永安月刊》的某随笔称洞庭地区的果农不允许游客随意摘食枇杷，却对来人上树采杨梅吃毫不介意。个中原因，便是"杨梅自成熟至烂败，为时殊短促"。1947 年作家周瘦鹃在洞庭西山也目睹了让人叹息的"浪费"："路旁沟洫之间，常见成堆的委弃在那里，淌着血一般的红汁。我瞧了惋惜不置！"

正因娇嫩，杨梅的运输也很是讲究。外运的杨梅一般都会装进竹篾篮里，上面再铺盖一层深绿色的"狼萁草"保鲜。杨梅篮子有其定制，1934 年李醒愚发表于《锄声》杂志的报告表明，当时浙东果农"篮以竹篾编成，呈圆桶形而中部稍凸起，上有长柄。分大、小两号，大号名'十斤篮'（可装十斤杨梅），口径约一尺二寸，篮高约一尺。二号名'五斤篮'，口径约八寸，篮高六寸许"。

别以为到了嘴边，杨梅就能让你省心了。要知道，不少人"抗拒"杨梅的原因便是"吃杨梅等于吃虫"。别怕，老底子传下来的办法自然能帮你摆脱"吃虫"噩梦。1932年一位美食作家分享的诀窍是"生食之前，加食盐少许于果上，其虫即自行退出，体小于蚁，或作白色，或为淡红色，宜以清水洗去"。此外，杨梅汁沾染到衣服上，单用清水难以清洗干净。有"惧"于此，浙东人郊游摘杨梅时，总会淘出"压箱底"的旧衣服。但是聪明的先人也想到了补救良方。1924年，苏州籍文人华吟水披露了他所知晓的妙招："杨梅汁染衣不易去，或谓以硫磺熏之然后洗，其红白落"。

一枚果子的多重体验

杨梅不只让人吃得爽，还能让人玩得尽兴。每当杨梅硕果挂枝，江浙民众便会迎来堪比踏青的"乡野游"。1937年《时事新报》称绍兴"山乡人有习俗，凡当杨梅盛熟之时，必邀集亲友来，名曰'戏杨梅山'，任客尽量采吃，但不准强行攀折。采摘时只可由杨梅树之根部，用手摇之，使杨梅成熟者，自动坠地，此为禁例"。类似活动也是常熟地区的一项传统。1947年《飞报》记者报道称"虞山风俗，有一种游春的节目，叫做'看杨梅'，时间大抵在端节相近，杨梅已经大熟。虞山人常常扶老携幼，到尚湖边去看杨梅"。当时甚至还有家庭以摘杨梅代替清明扫墓。1948年《东方日报》的某主笔写道："我家的祖坟，在苏州浒墅关的阳山上，坟上全是杨梅树，浒墅关的杨梅，也相当有名，所以我们每年必定在夏至后五六天去上坟。因为我们的上坟不化纸锭，不供祭菜，也不实行扫墓，不过是探墓罢了，无非一面探墓，一面吃杨梅"，这可真是"生态祭祀"了。

近现代上海是浙东杨梅的主要市场之一，源源不断加急供往上海的杨梅，着实给上海市民带去了一番"乡土风情"。近代浙东杨梅大多利用铁路及"铁海联运"外送。1948年，《小日报》新闻作者形容萧山杨梅外销盛况道："每年杨梅时候，火车上的装运，差不多触目都是杨梅"。应季的杨梅，也成为梅季里上海格外醒目的一道街景。1937年《新闻报》刊出的一篇札记谈道："上虞杨梅在上海售价虽比较贵一些，但它的唯一销路，还在上海。像这几天河南路、北京路口一带，运销上虞杨梅的临时店铺，鳞次栉比。他们每家都有巨幅红纸广告，大书特书在墙上粘贴着。"当然了，囿于保鲜困难，近现代上海人很难吃到真正的高品质杨梅。1937年《申报》描绘洞庭西山所产水果时写道："虽然上海也有杨梅吃，但不是'山上杨梅'。"这终归缺了个"鲜"字。

先人们自然舍不得把杨梅季局限在十几二十天里。于是乎，一则又一则留存杨梅之味的妙招应运而生。

杨梅可以做成蜜饯。1937年《申报》介绍洞庭糖杨梅"分干、湿两种，干的成为白糖团子状，湿的是用桂花和蜜汁制成的，味极甘美芬芳"。老上海苏式点心铺里售卖的糖杨梅蜜饯还有个额外讲究。1923 年，童玉民在《中华农学会报》上记录了海派腌渍杨梅的传统方法："杨梅三斤，用盐一两，腌半日，沸汤浸一夜，控干，入糖二斤，薄荷叶一大把，手拌匀，日晒汁干收"。想必添入杨梅里的薄荷是夏日怡人的"点睛一笔"吧！还有更复杂的糖杨梅。1958 年，上海市糖业糕点公司加工部采集的经验称，用糖腌渍的杨梅干只是半成品，这些土话里叫"胚子"的杨梅干须"放入缸中，密封缸盖，不使空气流通，出售时再加绵白糖拌和"，那般"甜上加甜"，如今多数吃客怕是难以接纳了。

近现代已有多家机构尝试用杨梅汁酿造白酒，据称其蒸馏后的口感确实还行。但时人所谓的"杨梅酒"，主要还是指浸泡了杨梅的高度白酒。1930 年，《国闻周报》刊出的《杨梅小识》称杨梅季"乡人每采以酿酒，味如冰雪，香而色浓"。浙籍文人郁达夫也把家乡的杨梅酒融入了创作中。他的短篇小说《杨梅烧酒》就活灵活现地描绘了友人在伏天大啖酒泡杨梅、畅饮杨梅酒的场面。酒泡过的杨梅不仅能清热解暑，还可对夏季部分急性肠胃症状起到很好的缓释作用。早年间，江浙地区老说法曾误认为吞杨梅核可以"杀肚虫"，这显然缺乏科学依据。但是酒泡杨梅的功效，却是一代代人"亲身验明"的。

梅雨季里忆杨梅

第十章
香从中来：一块臭豆腐的怪异与魔力

臭豆腐，无论由哪般原料赋予其"臭气"，不管怎样煎煮烹炸，都脱不掉这个怪诞却鲜明的"臭"字。臭豆腐之"臭"，源自发酵时间的累积。在时光长河里沉淀下来的除了有百年前先民们对臭豆腐的惊诧，当然，还有更多的逐臭"痴情"。一方小豆腐如何"遗'臭'百年"？伴着油锅沸滚的"噼里啪啦"，一段"有味道"的街头美食史徐徐展开了画面。

臭豆腐让多少不谙其味的"生客"仓皇掩鼻，惊恐万状。1927年，《新闻报》所刊杂文提到，一位上海文人连续多日以臭豆腐招待他乡来宾，宾客们深畏之臭，留下了不小的心理阴影。结果第四日餐间，仆役奉上盖着肉末蒸蛋的米饭，宾客们一时间竟号啕不止——原来是误把肉末"小菜"看成了臭豆腐，"无中觉臭"，脑补出一股"作呕之气"。更有甚者，臭豆腐的"臭"曾迫使官方出面，试图"禁绝"这道"异味小吃"。据《大公报》通讯，1944年4月，桂林市警察局以"近日市上售卖之油炸臭豆腐干，臭气四溢，实有碍卫生"为由，下令在全市范围内斩断一切臭豆腐经营活动。

臭与不臭，永远是个体经验的差异化感知。由此，詈骂臭豆腐者多，给它捧场的食客自然也不少。在爱好者眼里，臭豆腐的"臭"，全然是一股令人无从抗拒的"鲜香"，使之拥有了普通豆腐不具备的风味魅力。1928年，某杭州文人颇不解地在写给《申报》的杂文里惊叹：宁绍地区雇来的厨娘"视臭豆腐、苋菜梗若珍膳"。而到了1936年，又有《铁报》一位撰稿人兴致勃勃地赞评了南京臭豆腐："颜色白里带青，质地硬而不坚，软而不烂。那一股从臭气中发出来的香味，更比芝兰、茉莉更美妙呢。如果拿出来夹着花生米同吃，那更有火腿夹鸡肉的风味。用作下酒物，正是最好没有了。"倘有不知臭豆腐"威力"者，听信上引美言赶去一尝，那大概率是要暗骂《铁报》撰稿人，以为他是臭豆腐摊雇来的"托"了！

　　其实，在懂行者看来，臭豆腐可能是各类小吃里"最坦诚"的一种——1949年《亦报》文章直言："天下最坦白的东西是臭豆腐干，不但不讳其臭，且以臭为名"。细细想来，臭豆腐的坦诚，固然一方面来自觉其香者的支持。但另一面，坚守"臭道"的执着，也离不开臭豆腐的"自信"吧——有香干，就必须有"臭干"，不然豆腐江湖，岂不是要残缺破败了？

　　百年前，在中国臭豆腐"版图"上，苏南、浙东，以及深受两地饮食传统影响的上海，是所向披靡的一脉"臭宗"。

　　江浙地区的臭豆腐做法大同小异，基本离不开腌菜菜卤的"点化"。1948年上海《家庭》月刊细致地揭开了菜卤"臭水"的坛盖："豆腐店中之'臭水'，即为菜卤。制'臭水'之法亦不难，只须于春季，食尽瓮中腌菜后，将卤倾于釜中，煮之使沸。撇去浮面垢沫，然后注入小瓮，覆以石板或用纸盖之。迨笋季至，将切下笋根蒸熟，逐日投入卤中，同时加入花椒、食盐及胡椒末。时日既久，笋根腐烂发奇臭，瓮中之水便成'臭水'矣。"对于此类"臭水"的去处，作者补充介绍道："'臭水'可浸豆腐、百叶、豆腐干、面筋、笋干。宁波人喜食臭苋菜梗及臭冬瓜，亦即自'臭水'中浸制者。"如此丰富的"臭水"产物，真说得上"一臭百臭"，也就是"一香百香"了！

江浙地区臭豆腐的吃法以油煎为最盛，亦不乏其他巧思。1947年，《益世报》列出了两种经典的家常臭豆腐食谱："将臭豆腐干外表黏附之青黑色微菌，用洁净清水冲洗，置于瓷器之内。和以少许生姜、适量白糖，再加少许绍酒，并倾入熟菜油少许，放于锅上蒸之。蒸透时，臭豆腐干之本体变成海绵状，食之味亦甚美。"在1939年的某期《申报》里，美食作家也向读者呈现了老上海日常生活里的两类臭豆腐美味：夏日"每到傍晚的时光，街头巷口，臭豆腐干的担子，络绎不绝，买的人也趋之若鹜。两块油余的臭豆腐干，蘸些辣油辣酱，吃两碗茶淘饭下去，其味无穷"。而自己买来生的臭豆腐干，更能烹饪出可口菜肴："除了生油、酱油、麻油、毛豆、笋末之外，再多加些糖，吃时的确可口。此外，更在油余之后，和着香菌、木耳、毛豆、扁尖等一同红烧，那就更觉入味了。"

同处长江下游附近的徽州地区也创造出了一种诱人的臭豆腐。1936年，《东南日报》主笔揭开了徽州臭豆腐的面纱："徽州人欢喜吃臭豆腐，在每家酒店的门口，起码总要歇了一二副臭豆腐担子，伺候着酒客的光顾"。徽州当地的臭豆腐做法是"把老豆腐切成方块，浸入盐和芝麻，以及柏树叶等灰的混合液里。大约要浸八九天的样子，才可捞起。继而将浸好了的臭豆腐，放在平底锅，以菜油煎之，至老黄色时取出，再加上些酱油、葱、辣酱等香料，即成"。

北京是中国北方臭豆腐擂台上不败的"霸主"。老北京的臭豆腐约莫始于清中叶，到了百年前，已然深入京城民众的日常餐食之中。1922年版《增订实用北京指南》就胪列出了当时北京城内四家著名臭豆腐店，分别是王致和、仁致和、宋记、洪记。

老北京的臭豆腐有个素雅的"别称"——1934年，《大公报》称在京津地区，臭豆腐又有"青方"之名，得来于"其形方而颜色灰青"。1935年，《时代日报·附刊》详细呈现了北平臭豆腐的制法："先将黄豆泡好，后磨成汁，过包烧浆、点卤，再打成块。往笼屉里摊上一天，倒弄三次，比如像秋季时候，七天即长白霉。霉去之后，再用盐腌。起出缸来，再装入缸腌四天。掺入药料汤，用石灰封好，约再需经过半年时间"。对于"倒弄三次"这个步骤，1959年，《食品工业》杂志以"王致和"臭豆腐工艺为例，解释了其必要性："所谓'倒笼'，就是把摆豆腐坯的笼屉，上下互相倒换位置，借以调节上下温度，并通风"。这个步骤非常关键，若掌控不好，很可能会前功尽弃，直接变成"臭笼"。

浙江中部地区，有一类不同于浙东近邻的臭（霉）豆腐制法。1937年，《铁报》介绍了这种风行浙中地区的下饭"霉豆腐"："先用一个蒸笼，里面铺一些干净的稻草。再把买来的豆腐，切成小方块，一块块地放在稻草上。另外将蒸笼盖好，不要去动。这样经过一个星期或十天，那些豆腐，就发生一种白色的毛。"把长出白毛

1930 年《福尔摩斯》
杂志上的臭豆腐摊

1944 年《青年画报》
上的臭豆腐摊漫画

的豆腐放进热盐里"四面滚一滚。这时候，整块的豆腐外面，都是炒盐了。再一块块地填入瓷罐里，又大约经过一星期，另外用一些黄酒、酱油、胡椒、大蒜叶、生姜、辣椒粉，同时放入锅内烧滚。取出瓷罐，不要动豆腐，只要将上面的酒和酱油等香料，趁热倒入那瓷罐里，过一星期，可以取出吃了"。

虽然从黄城根下到细雨江南，臭豆腐征服了无数南北男女的味蕾，但若要谈谈臭豆腐的生意经，没有任何一座城市能够与上海相媲美。马路道旁、白炽灯下，油煎臭豆腐极易被识别的气息充盈着老上海的夜空，久久不能散去。

非街头不吃臭豆腐。这是老上海烟火气的一个信条。1935 年，《申报》主笔勾绘了一幅"沪上臭豆腐"风俗画："臭豆腐，天天在街头可以买到"，"花了两个铜子，站在油锅边，用丝竹箧往锅内签它一块，加上一点辣酱，热辣辣往口内送，感觉十分开味儿"。在百年前的上海，有许多借着道旁空地，挑着担子叫卖臭豆腐的小贩，他们的担子一头挑着装满生臭豆腐的豆腐屉，另一边则烧着一锅滚热的炸油。据时人观察，这些臭豆腐小贩大多有同乡联系。譬如 1946 年《辛报》一篇文章就指出，那时上海卖臭豆腐者有两派势力较强，一派是江阴人，另一派是崇明人。

别小瞧臭豆腐摊这门"小生意"，经营者内部也可以分出高下，排序三六九等。1934 年，《社会日报》给出了评判臭豆腐摊出品优劣的标尺：第一，"豆腐干浸的日子愈多愈好。劣质臭豆腐干，未曾浸透即行发售，煎出来淡而无味，像豆腐店里的油豆腐一样"。第二，"著名的小贩，入锅煎几时，出品又松又脆。'扯烂污'的小贩怕多煎了时间，耗费锅里的油，臭豆腐下锅稍变黄色，就拿出来卖了。这种食品，迎风一吹就要'还韧'，人家只上一次当"。

　　拿好的卖，自然有望"卖得好"。百年前的上海滩，就有那么几家臭豆腐摊成功"小题大做"，造就了名副其实的"臭豆腐大王"。

　　1925年，《时事新报》评点了那时上海城内两家颇具代表性的臭豆腐摊："东门水仙宫谈家弄口，昔有设摊专售此物之金大，最为著名。借此小有积蓄，薄置屋产。又北市宝善街王大吉药店前，有臭豆腐干摊，已设多年，饶有风味。"这家"王大吉"臭豆腐摊真乃此行之"绝"。老板娘穿金戴银炸豆腐已是一奇景，更让人称奇的事还在后面——1926年，《上海日报》讲述了一段有些不可思议的渊源："上海逐臭的老吃客，哪个不知道王大吉的臭豆腐干？其实王大吉是药材店。臭豆腐干，是王大吉旁边的一个小担子，丝毫没有纠葛的。可是说到臭豆腐干，总会众口一词地推赞王大吉。因此'王大吉'三个字，就被臭豆腐干带出名了。"如此"大小倒置"之事，好不神奇！

　　"王大吉"的神奇远未止步于此。最令人拍手叫绝的要数名流对这家小摊的钟情。1944年，《海报》撰稿人写道，近现代上海工商界领袖、上海总商会会长朱葆三酷爱"王大吉"前的臭豆腐摊，"每饭不忘，即使在堂子里应酬，堂差可以不叫，该店的臭豆腐不能不吃"。久而久之，臭豆腐摊主摸清了朱先生的习惯，假若某日晚餐时间朱家没派人来，便会一直坚持到深夜十二点方肯熄炉休息。生意再大，也忘不了小小一方。这块臭豆腐究竟何德何能？或许这个问题，只能向朱先生本人求教了。

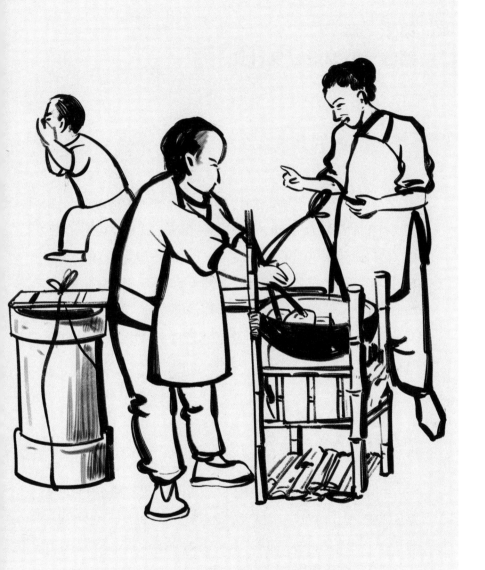

臭豆腐怪异魔力

第十一章
糟醉：清凉最宜夏日食

"醉"是长三角多地共有的一种区域印记鲜明的烹调方式。在好这口儿的当地百姓眼里，肉质饱满的荤菜，似乎没有什么是不能"醉"的。据1918年《家庭常识》提供的一份菜谱，那时海派"醉"菜有醉鸡、醉鸭、醉猪肝、醉蚶子等，所选用的食材可谓是地上、水下无所不包。不过，说起酒与菜的缘分，单单一个"醉"字是说不尽的。哪怕是不起眼的酿酒废物——酒糟，也能炮制出美食，在若干时日内焕发出食材的美味。

酒香远自古人来

中国人是在什么时候意识到酒不仅可以喝，亦能赋予食材以曼妙风味呢？这个时间点一定很早。北魏末年《齐民要术》已有糟肉做法："以水和酒糟搦之如粥，着盐令咸，内捧炙肉于糟中，着屋下阴地，饮酒食饭皆炙噉之，暑月得十日不臭。"不过，正如《齐民要术》这段记载所指出的，在"糟"的风味尚未充分开掘之际，这种腌制法更多时候还是服务于食物保存目的。对此，清代宗室诗人文昭就曾作诗吟叹："禁屠时节无兼味，糟肉枯鱼已大丰。"在他们眼里，"糟"肉只是新鲜肉食的替代品，而非更好选择。

古人对糟货的制作别有心得，五六百年前的"日用之书"里频现糟货身影。《农圃便览》里的"糟白菜"值得一提，其制做流程远比糟鱼复杂，堪称"贱物贵做"："将肥嫩不蛀好菜搭阴处晒干水气。俟叶茎俱软，每二斤用糟一斤、盐四两拌匀。糟菜相间隔日一翻腾，十日后取起拭去旧糟。另用好糟一斤，盐十两糟菜三斤，糟菜相间隔日一翻腾。待熟，挽入小坛上，浇糟菜汁封固。"在古代，糟货的制法也不是因循定例，往往百花齐放。譬如《居家必用事类全集》所载"糟鱼"做法便与上述《农圃便览》略有区别，额外增加了"将鱼大片用纸裹却，以糟覆之"这个步骤，或许是摸索到了什么新窍门？

随着"糟"的识别度、认可度愈来愈高，糟货也由最初的"保鲜"，转变为一种独立的风味，品鉴者对"糟"的要求也逐渐精细起来。袁枚《随园食单》独具匠心，提出肉在"糟"之前需要"微腌"，光这一个"微"字就能让人揣摩良久。清康熙年间的《广群芳谱》收入了一道名为"糖糟茄"的腌菜，其做法是："八、九月嫩茄，线抽去蒂，用活水煎汤冷定。糟盐拌匀入坛泥封之，每糟一斤、茄一斤用盐二两。"此菜谱精选"嫩茄"与"活水"，在食材源头为糟货成品把关，其匠心可见一斑。

历史上，长三角地区曾形成多个远近闻名的糟货产业中心。譬如黄酒之乡绍兴便以黄酒糟腌制的糟鸡声名远播；同属浙东地区的宁波则因糟鱼风靡"糟界"。浙东文史泰斗张如安先生曾撰《糟鱼琐谈》一文，他指出，宁波糟鱼早在被李白吟咏之前，便已蔚然大观。至少在清代，宁波出产的糟海货已远销至江苏，形成了土特产业。

一口凉糟香百年

历经明清饮食文化发展高潮的淘洗，20 世纪的中国人已拥有了发达的糟货品鉴体系。1940 年，一位食谱学者详细陈述了糟肉制备过程中挑剔的"选糟"环节："糟肉的第一步手续，便是选糟。糟肉所用的糟，是造黄酒所剩下的酒渣。这种糟的颜色是暗黄的，味极香美。若误购造白酒所剩下的糟粕便不合用。其次，这种糟大概总是隔年货，新糟的香味，不如陈糟远胜。"有甚者，资深老饕还把糟货当珍品细细赏玩——1918 年的一篇品谈提到，尝鲜糟蟹时视觉与入口效果应是"蟹黄不流散，而无起沙之弊"，好生精致！

如此细腻又丰富的美味，非常契合江南人的文化灵性与生活美学。故而近代中国的糟菜故事，大多发生在长三角一带的水乡波光里。1936 年，《南京晚报》一篇文章就指出："江浙一带，喜食糟物。如糟肉、糟鸡鸭、糟鱼之类，别有一种风味"。与此同时，江南各处美酒产地亦为酒糟美食的风行献上了绝佳原料。1937 年《铁报》称糟鸡"制少，以绍兴出产最名贵。因绍兴产酒，酒糟较佳，故其味亦较香美"。常州的优质酒糟，也缔造了味道非凡的名菜"糟香肉"。1936年《时事新报》记道："糟香肉为常地名产之一，其味鲜美绝伦，肥而不腻。香气之佳，尤冠他类糟品"。

在近现代中国的糟货世界里，糟油是"百搭"的神奇点缀。1927年，《聂氏家语旬刊》的一篇杂记盛赞糟油"加于菜内，味甚鲜美"。糟油能令平淡无奇的豆腐在一瞬间容光焕发，深谙其妙的食客自然不会错过。用糟油烹制的豆腐类名菜数不胜数。譬如"糟油煮老豆腐"，其做法是"豆腐煮老后去水，用口蘑、冬菇等汤并糟油烩之。每豆腐一大碗，用糟油二两半，并撒炸枯锤碎之杏仁碎一大匙于上"。

1934年，"懿明"撰写的《糟菜四法》演示了糟肉、糟鱼、糟鸡鸭、糟素菜的腌制方法。文章对糟鱼与糟素菜的清晰且传神的写照，它处罕见。作者介绍糟鱼做法是："以鲤鱼剖腹，洗清爽，用食盐擦内外一遍。把绳穿住每尾鲤鱼的头，折断竹筷几根，每根长约二寸，横着撑开那剖开的鱼腹，挂在透风地方吹至干而发硬。取下，切成寸许方块。用小瓮数个，好酒酿几斤，先在瓮底铺酒酿一厚层，上面铺鱼一层，再铺酒酿一层。于是鱼和酒酿相互间隔，直至瓮口为止，香料也夹杂在每层中。瓮口用竹箬封好，把糟调烂泥涂封瓮口，坟起如小丘，一月后可启封取食。"作者强调，糟鱼味道惊艳的主要"秘密"就是腌制时间——只要腌透彻了自然"香味愈佳"。

糟鱼也是老上海过年常备的一款"年货"。1940年，《家庭》杂志述说了糟鱼与上海人的缘分："鲜青鱼所用的糟，不用调入五味，

1935 年《中华》杂志上的（绍酒）酒糟

1939 年《新闻报》上
的香糟广告

只要把糟捏碎铺在青鱼上面。过了一夜，鱼肉便带有糟味了。青鱼以大者为宜。未糟以前，应去鳞洗净、拭干切块，或切片亦可。切好后放在一只大碗里，碗底铺一层糟，然后放一层鱼，鱼上再铺糟一层。若碗小不能容，尽可把瓷钵代碗。就暖锅中烫食糟鱼，也是围炉消寒的一种方法。"

蒸糟肉缘何好吃？ 1936 年,《南京晚报》主笔在记录食谱时，给出了他的个人见解："购五花肉一大块，约四、五斤，用白布裹紧，以绳扎之。置蒸笼内，四围佐以香糟。迨肉熟，油已流尽，而糟香全行侵入。以极好酱油蘸而食之，量大者可尽斤许而不觉其腻也。"概言之，其中奥秘就是醇香酒糟去除、化解了油腻，使入口之肉喷香爽口。到了盛夏，这道糟肉还有清凉版做法："若夏令只用白煮肉，以糟油浇之，亦属清品，特不宜于秋冬耳。"

上引《糟菜四法》所记糟素菜，更是令身处暑热烦闷之中的读者口舌生津："把嫩笋干、水面筋、黄豆芽入锅烹煮，加盐、八角、茴香、花椒、酱油，三物中黄豆芽需缓下锅。煮熟乘入瓦钵内，亦用葛布包香糟压在上面，木盖加重物压紧，翌日即可取食。"作者提示有心尝试糟素菜的读者，这些芬芳的腌制清蔬"最宜冷食，佐稀饭味美无比！"

不过，在近现代中国，糟货的主角终归还是肉类，其中又以鸡、鸭占得头筹。1940 年，上海《家庭》杂志上刊文介绍了糟鸭的做法与吃法："买了一只鸭，放在瓷罐里焖烂。焖烂以后，把汤面上的一层油撇去，开了罐盖，待瓷罐冷却，便可加入花椒十粒、葱三茎、上好高粱酒一茶匙、糟卤半杯。于是拿一块干布，把罐盖擦抹一过，盖起瓷罐，移入冰箱中。经过五小时以后，便可取食。食时把鸭捞起，斩块，乘入小碗中，并勺取罐中汤汁，浇入碗内。"1956年，梅陇镇菜馆的一位老厨公开了"夏令解热之名菜"——"糟水鸡"的烹调方法："选用最肥鸡，出白、加水，用小火清汤炖，熟后把鸡暂时乘起。留下原汁，加盐、味精、生姜、葱煮一煮。趁原汁熟时放入酒糟吸入原鸡汁（最好用上海香糟）。再把湿糟榨出鸡汁，沥清，这样原汁中增加糟汁香味。另外把鸡切块，去掉头、脚、背骨，留下翅膀。吃者有句话：'白鸡要留大转弯'。用坛乘入，把鸡汁倒入加盖，放入冰箱，周围放冰加冻，到内部冻结为止。"这两道荤菜本皆有些油腻，一经酒糟激发，鲜味不减而清爽倍增，再送入冰箱急冻，那晶莹剔透的肉冻散发出酒香，怎能不让吃客沉醉其间，难以自拔？

　　糟货虽好，可不能贪吃哦，毕竟其终归不利健康，且易引发消化道疾病。五百多年前，沈周在《客座新闻》中记载："常熟孙世清，偶食糟鸡肉，旋即腹痛三四日。意前鸡肉略有黄色，或中毒也。"读者诸君在品鉴酒糟赋予的美味时，还请勿忘这位孙先生的腹痛啊！

夏日最宜食糟货

第十二章
奉化水蜜桃崛起的激荡三十年

奉化（今宁波市奉化区）水蜜桃肉色如翡玉，核肉似血染，薄皮多汁，芳香甘甜，可谓举国闻名。1984年，中国科学院学部委员（院士）俞德浚先生，曾在其编著的《落叶果树分类学》里称颂奉化水蜜桃为"我国水蜜桃中最有名的品种"。时值盛夏，在这硕果挂满桃枝的丰收时刻，不妨一同循着史料遗踪，重温奉化水蜜桃产业崛起并称雄四海的激荡往事。

"种质互动"的硕果

1937年，客居苏州的奉化籍作家"满翔"在《苏州明报》上发表了散文《蜜桃的故乡》。有趣的是，"满翔"心目中蜜桃的"正宗起源"并非盛产各类甘甜桃子的苏州，而是家乡——宁波奉化。"满翔"是在"自卖自夸"吗？回首20世纪上半叶的中国桃业"风云榜"，奉化确实曾是最出类拔萃的一个特产区。然而奉化水蜜桃的肇基与声名鹊起，并不像某些著述渲染的那般历史悠远，其兴衰起伏背后隐藏着众多历史性必然与地方性偶然。

奉化始栽桃树远在水蜜桃闻名之前。但作为经济果树的水蜜桃却是在晚清方才引入奉化——光绪九年（1883 年），溪口镇三十六湾村老农张银崇自上海露香园引入了"龙华水蜜桃"。2017 年刊行的《溪口镇志》盛赞张氏之功"为'奉化水蜜桃'发端"。然则晚清时期奉化虽已求得良种，产桃却并不"出彩"。1936 年 8 月，承载诸多严谨乡村、农业调查信息的《京沪沪杭甬铁路日刊》指出："奉化水蜜桃之驰名遐迩，不过近一、二十年来事。在一、二十年前，奉化人中尚有不知水蜜桃为何物者。"

自 1936 年上溯"一、二十年"，奉化水蜜桃崛起的最初时间被锁定在了 20 世纪 20 年代初前后。那么，为何奉化水蜜桃能在如此之短的时间内由籍籍无名变得声震四海呢？其首要原因还是桃子品质的蝶变。1943 年，《海报》上的一则杂谈点出了个中奥妙："奉化的水蜜桃，历史还短，是民十（1921 年）以后才见市。因为自那时起，奉化出现了不少新兴的桃园，主持者全是研究园艺的新人，培养得法。所以产的桃子，不但味道甜美，而且虫蛀全无，为人称誉。"

奉化水蜜桃能够俯瞰群雄，首先受益于品种改良。1918 年，一场蜕变悄然发生。所址位于奉化萧王庙街的"中国农林技学互相研究所"，是一所地方性农学科普机构。在雷树枬操办下，该所定期发行 4 页农学科普杂志《农林讲义》，其中连续多期刊载了奉化水蜜桃种植的农艺经验，覆盖了从栽水蜜桃树到采收、加工水蜜桃果的全生产周期。1925 年，第十五期《农林讲义》里的一段记述引起了笔者的强烈兴趣："今美国几多学者，应用学理交配新种，不但果质愈佳，且昔之宜于寒地者，今则暖地均可种植。其种自 1918 年输入以来，道生加意研究，试验成绩，远超水蜜桃之上，其味香而且甜，它桃所不能望其项背，爰定名为'玉露'桃"。考虑到《农林讲义》是奉化主要产桃区的地方刊物，且其文作者本身长期从事桃树种植管理，因而此言当非空穴来风。

这款桃好在哪？查阅 1917 年版《农商部中央农事试验场第三期成绩报告》，当年北洋政府中央农事试验场引进、试种的美国水蜜桃很可能是翌年奉化水蜜桃改良之模板。此次引种的桃树果实"味极甘鲜，其形如球，皮甚薄嫩。果肉色白，柔软多汁且易离核，大者每颗重三两八钱"，许多为人珍爱的水蜜桃亮点都得到了充分体现。

当然，漂洋过海而来的异域桃树也要经过与本土优势植株的杂交融合，方能适应水土，形成具有竞争力的新品种。1935 年，农学家吴景澄总结在奉化、浦东两地开办生生农场的经验，创作了一部《实验园林经营全书》。吴氏将"奉化水蜜桃""奉化玉露桃""改良玉露桃"等三个品种视为"著名之桃种"，又注明"改良玉露桃"系"中外品种，改良所得"。这说明奉化本土原有优质水蜜桃种（得自上海桃遗传），外国品种介入后各取所长，生发出了更加优质的桃种。

"一衣带水"的日本也曾与奉化水蜜桃的振兴发生过些许勾连。1931 年，上海大华农场技务部刊物《大华农报》称"奉化水蜜桃苗，最初系向日本采取，接穗而传入白杜，由白杜转传三十六湾"。

正是集合全球优秀种质资源的"杂"，成就了 20 世纪 20 年代及之后一段时间里奉化水蜜桃总体品质的"精"。这段奉化水蜜桃的"世界史"，也是近现代宁波海洋城市品格的鲜活脚注。

繁荣市场的多重激励

科学育种是 20 世纪 20 年代奉化水蜜桃崛起的主因，但绝非唯一作用力。商业组织也为奉化水蜜桃从地方名桃蜕变成中国名桃，乃至盖过肥城、龙华等传统名桃贡献了一臂之力。

20 世纪 10 年代末至 20 世纪 20 年代初，奉化水蜜桃"甬城开花申城香"，闯入繁华大上海。成立于 1918 年的茂昌公司是奉化水蜜桃外销上海的翘楚。1925 年 7 月，《时事新报》广告称该公司"自筑桃园，专植玉桃、桂花桃等"，并在上海四马路（今福州路）的振华旅馆建立了代销点，出售奉化直运的"玉露"水蜜桃。大都市直销线路的建成刺激市场急剧扩容，茂昌公司所属奉化桃场亦日渐庞大。1932 年《国立浙江大学季刊》所刊《浙江省奉化余姚水蜜桃调查》显示，茂昌公司在奉化种有 5 200 株桃树，是那时全县种植规模最大的产桃企业。

上海市场的持续热情也促使奉化水蜜桃生产者选定了产量相对较丰、外观及口感更为上海消费者喜爱的"玉露"桃。1935 年叶奇峰、周绍模发表于《浙江省建设月刊》的报告就提到，奉化各处果农"所栽之桃以'玉露'最多"。而利润提升也激励着奉化许多

1909年《图画日报》上的水蜜桃贩子

1929年《新闻报》上的奉化水蜜　1935年《国际贸易导报》上的宁波水蜜桃包装
桃广告

农民兼营桃业。1934 年 6 月,《上海宁波日报》一则新闻记载,由于前几年先行者利润可观,杨村"六百余住户,无不开垦荒山僻地,栽植桃树"。嗅到商机的沪上商人甚至还主动投资,纷纷在甬设场,开种桃树。籍贯诸暨的上海实业家骆清华便与友人合资在宁波创设了专事优品农作物改良、生产的华东农场。1933 年 8 月,《新闻报》消息称华东农场出品的"玉露"水蜜桃首次运抵沪上,还成功打入永安、先施、新新等近现代上海高端百货商店内。1934 年,王承平在《宁奉水蜜桃最近经营的状况》里披露了一个有趣的商业现象:"在上海可售二十元之水蜜桃,在宁波只卖十元或八元,在本埠(奉化)不到五六元。"可见即便刨除路上耗损,水果行商赚得的利润也定是不薄。

至 20 世纪 30 年代前期,奉化水蜜桃的销售局面尤为开阔。1935 年 7 月,《东南日报》表示奉化所产水蜜桃"行销外县者居半数之上"。奉化水蜜桃已突破乡土水果的旧身份,成为名副其实的全国性"名果"。当时奉化所产水蜜桃,一般会走奉化江水路至宁波,然后再转搭海船北运上海。因此,当时在奉化也出现了水蜜桃外销的配套包装产业。1931 年,杨德恩发表于《自然界》的文章介绍奉化水蜜桃隔笼"用竹篾编制的,初看和蒸笼很像,不过比较浅小一些,用以放置蜜桃,运销外埠。因为蜜桃质地不固,非用这种有隔笼子。通常一隔可放六七十个,每担十隔,就有六七百个可以放了。"1932 年,农业经济学家冯紫岗在《浙江省奉化余姚水蜜桃调查》里还谈到,当时奉化外运的成熟水蜜桃会"每个裹以拷背纸或腊纸"。这些包装背后,是一条产业链在水蜜桃季的昼夜不歇。

　　20 世纪 10 年代末至 20 世纪 20 年代，奉化桃业的兴旺也直接带动了鄞县、余姚两地桃企的崛起。1931 年，曾在奉化长住两年的农业经济学家杨德恩介绍："邻近（奉化）的横溪，也开办了好几家，信义园便是其中最著名的一家。到现在，不仅奉化一县境内已经布满了这种桃园，就是邻近的鄞县和余姚，也开办得很多了。统计起来，大小不下一百余家。"后来，鄞县及余姚的水蜜桃产量"反客为主"。到了 1935 年，王承平刊发于《浙江省建设月刊》的报告指出，奉化产桃区"星罗棋布，极少大块面积栽植，产量无栎斜、横溪之多"。

　　那时鄞县桃业以栎斜（今鄞州区横溪镇东北）为最盛。1930 年，《时事新报》广告介绍栎斜的竞志农场种植了许多"玉露"水蜜桃。而截至 1930 年，栎斜水蜜桃已"运销沪上十有余年"。20 世纪二三十年代，栎斜运沪水蜜桃的发行所（总代理）设在三马路（今汉口路）附近的孟渊旅社内，同时在南京路（今南京东路）、爱多亚路（今延安东路）的益泰钢精厂安排有"代售处"。此外，栎斜水蜜桃也对接到了上海长丰、华丰、丰大、慎丰水果行，与之达成了长期代销关系。

　　余姚水蜜桃的势头不输鄞县。1927 年 7 月，余姚籍作家"秋忆"在《新闻报·本埠附刊》上谈道："近年来余姚水蜜桃之输沪者良多。吾人试一经南京路等处水果行，每当炎夏时际，莫不高标有'新到余姚萃园水蜜桃'之纸牌"。更为令人惊叹的是，1938 年《东方日报》上的水蜜桃产地简介里竟将余姚排在了奉化之前："近年更有浙省余姚、奉化两邑新产者，色香味更臻上乘"。

对于 20 世纪 30 年代至 20 世纪 40 年代上海的食客而言，正宗奉化水蜜桃全然可遇而不可求。1936 年，一位上海作家就在《大公报》上发起了"牢骚"："道地的奉化产水蜜桃，可惜现在不易尝到"。1937 年，作家曾迭在其作品《谈水蜜桃》里也感叹："在现在的上海，每逢桃实上市之际，奉化水蜜桃差不多是占据了整个市场了。虽然说所有的未必都是真正的奉化的出品，也正如上海龙华的蟠桃一样，都是浦东的产物而故意搬到龙华去，眩奇以期高价。"除宁波本地的鄞县、余姚之外，其他地区的水蜜桃生产者亦纷纷打起"奉化水蜜桃"招幌，冀从后者名气里分得一杯羹。

浙东嘉果的远行与坎坷

虽然投机"冒名"奉化水蜜桃者层出不穷，但也有不少地区务实地引入奉化桃种，希望以此优化本地产桃品质。20 世纪二三十年代，桃苗外销可是奉化农人的一门大生意。当时奉化的萧镇水蜜桃苗专门培育场、茂昌公司植园、茂森桃园等企业园圃，都曾向上海客户出售优质桃苗。《上海县教育三年概况》也记载，1930 至 1932 年间，上海县颛桥农民教育馆批量引种了 200 株"奉化水蜜桃"。一些上海资深桃企还将接回的奉化水蜜桃苗进行二次优化。1933 年，上海真如中华物产园的《营业目录》就提到，该园改良后"奉化水蜜桃"的色泽、口感更进一步，成熟期也提早到了 6 月中旬。

　　苏南各产区亦引入过奉化水蜜桃苗。1985 年刊行的《无锡文史资料》指出："1927 年以前，陆区乡就已有栽培的了，其中'红花桃'来自浙江奉化"。1983 年编修的常州《武进文史资料》也报道了相似情况："最早经济种植水蜜桃的是潘家桥牌楼下村的段孟陶，他在二十年代初，从浙江奉化、上海龙华寺引进'小红花'、'大红花'、'白花玉露'、'笔管红'以及'肥城桃'等品种"。说奉化是近代江南优质水蜜桃的"祖居"所在，分毫不显夸张。

　　据史料记载，奉化水蜜桃的触角还探到了彩云之南。1939 年，《力报》所刊《玉露桃移植滇南经过》称唐继尧幕僚、余姚人沈某曾给唐继尧献去家乡水蜜桃。唐尝后大悦，故而"斥资嘱沈自梓乡采办桃秧百余株运滇。道路修阻，耗费达万金以上"。辗转运到后，唐继尧划定后园区域种植桃苗。1927 年时，"已年年结实"。后来执掌云南政局的龙云也对衙署内这几株桃树所结的"玉露"桃赞不绝口，因而"分秧外界，以期普遍。流传既广，民间亦竞起种植"。其影响是"近年滇省之'玉露'桃，如风起云涌"。此外，临沧市政协所编的人物传记也提到，1928 年，云南省原代主席胡瑛曾"引进奉化水蜜桃数千株及其他果树种植于茨坝（今昆明）"。百年前的香港，也曾有人引种过奉化水蜜桃，可惜由于气候因素没有成功。1937 年，香港桃农陈大询在《园艺》杂志中提问："浙省奉化水蜜桃，植于亚热带之香港，开花而不结实者，有无补救之方法？"

　　然而 20 世纪 30 年代中后期开始，奉化水蜜桃经历了一轮挫折频发的低迷期。1950 年，《宁波人报》客观评价"奉化桃子产量，在 1930 年左右最为丰旺……以后就一落千丈"。那段时期奉化水蜜桃的衰落，一方面是受极端天气、病虫害及外销市场饱和等不利因素干扰，另一方面也与当地桃业经营者的萎靡状态脱不了干系。著名记者曹聚仁在《大江南线》里记下了自己对奉化水蜜桃兴衰的思考："沙隄本为产桃区，连年花开不结果，乡民诿为自然盛衰周期所致。场中研究知系金化虫侵蚀之故。乡民并不相信，乃试行隔离救治。一地之中，丰收与萎败，判然不同，始相信虫害之烈。因此武岭出产果品，各水果店乐意出售，价格亦较高"。可惜的是，应用科学方法治虫保产的武岭农场只是个案，挽救不了全奉化桃业的普遍颓势。接踵而至的全面抗战时期，奉化桃业在日寇铁蹄下惨遭蹂躏，据1956年《宁波大众》文章回忆，战时"许多农民砍掉桃树种粮食"。到1949年，全县桃园只剩1933年鼎盛期的一半不到。奉化多数桃企早已元气大伤，难以恢复原状了。

　　桃业虽衰，芳名尤在。1954年，徐青山在《祖国的水果》里记载：奉化水蜜桃"在今日市场里，无论质与量方面都不及无锡水蜜桃。但是奉化水蜜桃在上海声誉犹在，市场上所供应的水蜜桃虽十之七八都系无锡所产，但一般水果店与摊贩皆以'奉化水蜜桃'相标榜，以投购者的所好"。中华人民共和国成立后，奉化水蜜桃相继获得多项重要荣誉，当地政府也下定决心改良技术，把水蜜桃种好，把桃产业做大。此后，奉化县政府鼓励并引导桃农恢复桃树种植，终于在1956年达到4 600亩种植规模，超越了近代峰值。

　　除却百年来接续厚培的种质优势，精彩纷呈的文化赋能，也是奉化水蜜桃复兴的一股活力。历史上，奉化产生了不少与桃有关的

美丽传说。摊开罗杨先生主编的《中国民间故事丛书·浙江宁波
（奉化卷）》，以及滕占能先生操刀的《宁波风俗传说》，一段西汉年
间的奉化"孝子寻桃"传说格外感人。虽然奉化水蜜桃从19世纪
末才启航，但它扎根的四明沃壤，为它植入了千年文化基因。轻啜
一口堪比琼浆的桃汁，宁波地域风华的甜与美，仿佛在味蕾上如桃
花般绽放开来。

奉化水蜜桃的盛誉

第十三章
清爽入喉来：百年前的纯天然消暑饮料

夏日炎炎，"火炉"炙烤下的白天黑夜实在让人心烦意乱。而今，大汗淋漓、口舌冒烟的我们可以从冰箱里取出工业化生产的冰激凌、预制冰杯、碳酸饮料，来上一场舒坦的"冰火两重天"体验。不过对于近代市井百姓，夏天的清凉可没那么容易，不过也确实不怎么复杂。在先民们的生活中，只消给胃肠注入些纯天然的消夏饮料，什么暑气、燥热便统统消散在脑后了。

解暑茶水

喝水，是酷热之中动物通过水分代谢保护自身的一种本能。百年前的先民们在烈日灼烧下也会"咣当咣当"灌下一肚子水。他们所爱的，不是寡淡的白开水，而是各色解暑茶。

暑天施茶是中国历史久远的慈善传统。在近代上海的街边，随处可见大德善士捐助的公益茶摊。1923 年，《新医人》半月刊介绍施茶的茶水一般是"茶末茶或是大麦汤"，都能起到一定的解暑提神效果。遗憾的是，近代上海施茶点、茶亭的卫生情况不甚理想。1917 年《小时报》敦促施茶者关注旧茶叶反复煮水、无盖茶桶落灰、顽童打闹弄脏茶水等卫生隐患。尽管各方都在接连提醒，施茶点的卫生痼疾始终未能解决。直到 1935 年，上海《新闻报·本埠副刊》仍在吐槽类似的肮脏情形。

　　有送茶的，也有卖茶的。不过近代上海街头的茶水贩夫群体兴起较晚，约莫在 19 世纪 20 世纪之交。1901 年，上海《同文消闲报》记载了一段见闻："天来渐热，行人口渴，故暑天有施茶之举。昨道出劳合路，见贫孩二人，在就近设有茶具。凡车夫至此停驻，则饷以一碗，得钱一二文不等。是亦见所未见之事也"，可见此前施茶者多，卖茶水则是新起之业。那么老上海的茶水贩子怎么出售茶水呢？ 1938 年，《新闻报》留下了一则形象记述："在路旁摆设茶摊，用一只铅桶、几只饭碗，一碗一碗地乘着，一碗的代价是铜元一枚。一般劳动阶级在口渴无法的当儿，都向他们交易"。

　　谈及解暑茶，妙用草药的广式凉茶是当之无愧的"王者"。在百年前的上海，想来一杯广式凉茶并非难事——大量粤籍移民早已将凉茶文化植入海派餐桌。1924 年，上海《时事新报》刊出了一篇杂文《谈凉茶》，文章写道："在武昌路和北四川路一带，有几只广东食品店，它们有凉茶出售，广东人多喜欢去喝几杯"，其中就包括"解暑消热的'黄老吉'"。1932 年，《社会日报》新闻调查表明，当时上海的广式凉茶大多依附于广帮商人的其他产业："凉茶店，虽然都是团聚在四川北路一带，但是它们并不是独立的营业。广东药材店兼卖的最多，附属于小吃店的也有，总之没有一家专卖凉茶的。"该文还提到，当时也有店家"把煮好了的冬瓜荷叶水，一瓶瓶地装起来，冰在冰箱里"。这些尝试使得普通凉茶之外的其他老广夏日饮品渐渐进入了上海人的视线。1947年，松江发行的《茸报》就盛赞："粤人所制售之茅根水、冬瓜水等，尤为夏令无上饮品也"。

在多数老上海心目中，苦口的凉茶绝非能够轻易接受之物。因而许多饮用者都经历了一段"苦尽甘来"的挣扎，渐渐爱上了清爽提神的凉茶。1942年，《新申报》刊载了一位上海凉茶品尝者的体验感受："初喝时，往往使尝试者皱眉，说不出有一种抱怨的样子，好像花了钱喝苦水似地没趣。等到一杯到肚，才感到有一种甘味滞留在唇舌间，余味不尽，同时满身的热气也似乎淡忘了。"

20世纪40年代，上海的广式凉茶市场发生显著变化——代售的店铺偃旗息鼓，遍地开花的小贩却异军突起。1946年，上海《风光》周刊就此描绘道："卖凉茶的也是随着暑天而出现的一种行业。你看，只要是比较热闹些的十字街头、电车站旁，哪一处找不到三个五个卖凉茶的人？嘴里不断嚷着'喂！一个铜板一杯，茶吃伐茶！'"，可以说是风光大不同了。

酸梅汤

1930年，《新晨报》所刊随笔《消夏录》，毫不吝啬地夸奖了一款夏日饮料："甘而不甜，香而不郁，凉而不寒，浓而不腻"，只要"饮呷一杯，便可清凉无汗"。这说的可不是什么琼浆玉液，而是近代风靡大江南北的酸梅汤。

要说"酸梅汤"，故事起点就必须落到故都北京——不一定是酸梅汤的故乡，但无疑是它认同的根源。卖酸梅汤的景象可是老北京夏日里的民俗一绝。1939年，《南京新报》给北京的酸梅汤摊来了个传神速写："又凉又甜又好喝，两大子儿一碗！"这是小贩们吆喝的号子。而酸梅汤卖主们招徕顾客的手段可不止于此："卖酸梅汤的小贩，和各大南货店门前售卖的，都有两个铜盏形的'冰碴'，它的形状如泡盖碗茶的茶碗托，两个相叠地碰着叮当叮当的声音，以作号召"。

在老北京，打酸梅汤也有许多讲究。1936年，《南京日报》记录了北平干果铺售卖酸梅汤的情景："门面甚矮小，里面除柜台、货架外，别无桌椅供客人坐息。靠墙有两个大坛子，一个伙计手持竹罐（如普通打酱油所用者），客来饮，立取一罐倾碗内"，一点都不多，一点也不缺。有心的店家还把酸梅汤"制成卤，注于小瓶"，主顾"归家以冷开水和之即得"。

对于老上海的民众而言，酸梅汤也是夏日里不可或缺的一款解暑饮品。1937年7月15日，《世界晨报》报道了夏日里上海酸梅汤市场的壮观场面："爱多亚路的郑福斋，成天成夜挤拥着喝酸梅汤的主顾。还有马路上、弄堂口，到处都是酸梅汤的摊头。那椭圆形的白色木桶上，漆着鲜血似的'北平或天津酸梅汤'字样，于是我们知道：酸梅汤是北京和天津的最好"。旺盛的市场需求也成就了一批扎根上海本地的酸梅汤制造商。据1936年市卫生试验所职

1929年《民俗》杂志上的苇草茶棚

1929年《晶晶报》上的凉茶广告

1946年《大公报》上的凉茶注册商标

员程树榛发表于《新医药杂志》的调查，那时上海共有四海通、新福斋、老淞盛、袁锦记等 13 家注册在案的酸梅汤工坊。

　　成批配制的酸梅汤工艺较简捷。1935 年一期《上海报》揭开了秘密："先将酸梅去核，拌白糖，把它蒸烂，然后入热水中搅和，经过一个相当的时候，便成了一种黄澄澄的颜色。待热水凉了以后，便算成功。放在那白漆、盛有冰的冰桶里，即可售卖。"但自家做来自己喝的酸梅汤，就要考究许多。1937 年，《时事新报》推荐了一份食谱："干梅子十枚、橘皮三小片、桂花末一撮，将此三样倒入砂锅中，然后再倾入冷水数碗，以后便将白糖倒入锅内搅匀，用火煮沸，即可取下倾入一瓷罐中。候冷后，再行装入冰箱内冰之"。食谱作者特别叮咛读者："煮沸后不能随意再加冷开水或是沙滤水等，因为如此，酸梅汤味即会变薄。所以在煮的时候，顶好能将酸、甜两样调至极匀，以免在沸腾后加水的事。"

　　尤为令人惊奇的是，20 世纪 30 年代，相对僻远的海南岛竟然也掀起了饮酸梅汤的潮流。1936 年《琼崖民国日报》称："酸梅汤这种夏令食品，是从北方来的，因为它味道很好，价格公道，一般中下级平民，都很喜欢尝试。"

绿豆汤与木莲冻

　　绿豆源起中国，在我国至少有 2 000 余年的栽培史。夏天食用绿豆能止渴消暑、清热解毒，以之熬成的绿豆汤，是很具"药食同源"色彩的一味佳饮。

百年前，先民们熬制绿豆汤的精细程度远胜今天。当时的人们更愿将绿豆汤做成一道较稠的甜品，而不是我们熟悉的汤水。1940年，中华书局发行的《清凉饮料制造法》记载了绿豆汤的食谱："先将绿豆洗净，加水入锅中煮之，至糜烂为度。次将扁豆及去衣莲子，分别煮烂、放冷。食时取焖熟绿豆八份、扁豆及莲子各一份置小碗中，注入白糖及凉开水，滴入薄荷油数滴。或薄荷叶与清水煮熬，加入亦可。上铺以樱桃五六枚，如加入碎冰数块，尤觉清凉可口。"

为保留药性、优化口感，烹煮绿豆汤时需时时小心谨慎。1937年，《现代家庭》的"解暑汤"食谱列出了煮绿豆的几项要领："初煮时，放水必须有一定标准。比如作一升绿豆的汤，须放三升或四升水，恰到好处。如煮绿豆粥，因加一把米的关系，非四升水不可。无论是汤是粥，初起须用猛火煮，俟其开滚，再用慢火温透。"

百年前，绿豆汤也曾被选为警员的高温执勤福利。1932年版《首都警察一览》称当时南京警务部门会在盛夏时节给户外岗警、巡警供应"荷叶绿豆汤"解暑。当然，绿豆汤在市场上也是"抢手货"。1942年《新申报》记叙了一位食客服用"荫凉绿豆汤"后的美好遐想："买来吃的人，一边喝豆汁，一边咀嚼什物，感到有一种江南，尤其是苏州的风味。因为绿豆汤中往往掺有一二滴薄荷汁，所以喝的时候、喝了以后，嘴里总有点凉飕飕的"。

与绿豆汤一般"有料"的夏日饮品还有木莲冻。在近现代，木莲冻是浙东一带的特色"风物"。1932年，上海《时事新报》的一篇杂文称木莲冻"宁波人名叫木莲豆腐，绍兴城里专门有一班小贩，制成凉粉出卖。器具尽是大红漆漆过的，瓶子碗碟，非常讲究。无论庙会戏场，日夜有卖凉粉的"。

虽然在上海城市里并不多见，但只要一现身，总能勾起识货者肚里的馋虫。1940年，上海《自修》周刊便介绍了木莲冻的吃法："将制成之木莲糊放入蜂蜜及少许薄荷油，若有果子汁更佳。拌匀之，清凉而适口，止渴解热"，这与今日相差不多。当时上海的一些专业刊物，也留心记录、传播了木莲冻工艺。1944年《工业常识》月刊的报道较为详细：把大小如芝麻一般的木莲子，"和慈姑叶一同盛在粗布袋内，另外预备一桶冷开水。再取清洁竹箩一只，然后把布袋放在箩内，在冷开水桶中用力摩擦。布袋中的汁液全行流入水中，经半小时后旋即凝冻。加白糖少许，即可食之。"

近现代市面上木莲冻之所以少见，一个重要原因是其制作难言卫生。1944年，宁波《时事公报》就报道称："市上挑卖木莲汤全系冷冰制成，危害大众健康实非浅鲜，特派员会同警察局分头查禁。"其实茶水、酸梅汤、绿豆汤也都曾在近代遇到过"不卫生""不清洁"的诟病。夏季气温高、湿度大，是肠道传染病高发的时节。老祖宗们尽享清凉之后肚子里的"翻江倒海"，也告诫我们切莫只顾贪凉，要把食品安全始终挂在心上。

消暑饮料入喉来

第十四章
百年前西湖藕粉的身份"奇遇记"

在骄阳似火的夏日，除了冷汽水、冰激凌等属于工业时代的降温食品，农耕时代流传下来的许多"老底子"天然美食，亦能造就清凉秘境，让心烦舌燥的人们瞬间神清气爽。色如樱花、香比池莲的藕粉，便是一道江南经典消夏美食。

说到藕粉，杭州西湖似乎承载了这款小吃的全部美誉，以至于外人眼中多有"非西湖不足以成藕粉"的印象。历史上藕粉真是西湖独享的"专利"吗？站在近代产业化的起点，藕粉的商业逻辑，又催生出了怎样的饮食人文景观？且让我们循着近代图书、报刊留存的点滴痕迹，回访百年前的一段段藕粉旧忆。

藕粉只出西子湖？

历史上，藕粉是西湖的独享吗？搜诸史料，这显然是个伪命题。1911年《时事新报》广告里可见产于衢州的"常山藕粉"。1917年版直隶《第一次实业调查记》提及当时磁县（今属河北邯郸）出产藕粉，年产量在万斤左右，并且行销至京、津二城。1934
年，在江苏省建设厅主办的全省物品展览会上，宝应县（今属扬
州）送展了"射湖藕粉"。大会《报告》称"品质纯真，富于养质"
的"射湖藕粉"广获赞誉。至于湖北、徽州等其他产藕大区，也有
地方民众自制藕粉。若将其纳入统计，那就更是数不胜数了。

　　看来西湖并非藕粉特产区，那么西湖出产的藕粉究竟如何呢？
令人深感惊讶的是，多重史料互证反映一个事实——历史上的西湖
并不是一处重要的藕粉产地。

　　1918 年 8 月 19 日，晚清民初著名农学家章震福在《申报》上
直言："西湖藕粉最为著名，实则西湖藕粉不多。凡产藕之地皆能
做成藕粉，亦以西湖名之，取其名之美也。"1925 年，任邱与王桐
龄也在风物随笔《江浙旅行记》里道出了他们对西湖藕粉的洞察：
"其实西湖无白莲，并不产藕粉。大抵西湖以名胜著，凡物之美者，
多冒充西湖土产以抬高身价。西湖人士，亦借以装点门面，粉饰
湖山。"

　　众所周知，沿岸荷塘可是西湖娟秀风景的点睛一笔。那么何
以菡萏竞放的西湖不产藕粉？时人早已阐明了个中原委。1950 年，
《亦报》刊载的《何来"西湖藕粉"？》指出："西湖里的荷花，只
卖花，卖叶，卖莲蓬，把地下茎的藕，要留作明年之种，不忍出
卖。所以即使长居湖滨，真正的西湖鲜藕，也难得尝味"，此是原
因之一。而在近现代西湖湖域史上，还存在另一项制约藕粉业勃兴
的因素。1923 年，《时事新报》上的一篇文章概述了那时西湖水域
内莲藕生长的萎靡："除里湖和三潭印月外，其他涌金门外、曲院

风荷、刘庄等处已是断梗飘零，久不作花，藕怕多枯死完了"。藕产不盛，何谈藕粉？

市面上麇集的"西湖藕粉"究竟是何方神圣？翻阅史料，当时浙中水乡才是"西湖藕粉"的主要产地。1933 年，实业部国际贸易局编纂的《中国实业志》就浙江藕粉的生产情形评述道："西湖产藕甚微，无从以之磨粉。真藕粉者，亦来自义乌、东阳为多"。而在 1925 年发行的《诸暨民报五周纪念册》里，一段记述也表明当地曾是"西湖藕粉"的直接货源产地："藕，产江藻一带，尤以顾家大塘所产为著。土人采以磨粉，色白而质纯，杭州市上所称'西湖藕粉'，大都出此。"

看来百年前名震四方的西湖藕粉，其实是沾了西子湖的秀美风光。但这丝毫不妨碍时人在知情的前提下，怀着对西湖景色之向往，品鉴碗中"打了引号"的粉糊。

不食藕粉未到西湖

之于近现代游客而言，西湖之行除却洗尽眼尘的视觉享受，也万万不可缺少藕粉入喉时那种吸纳天地精华的别致味觉体验。可以说，时人多抱有"不食藕粉未到西湖"的心态。

外地游客来到西湖，回程的伴手礼总归是"经典两样"——龙井茶叶以及藕粉。1915 年，上海《妇女杂志》刊载的西湖游记显示，作者和一干同游者在三潭印月选购了《西湖图》与白莲藕粉带

1935 年《晶报》上的安徽藕粉广告

1935 年《申报》上的藕粉广告

1935 年《锡报》上的太湖藕粉广告

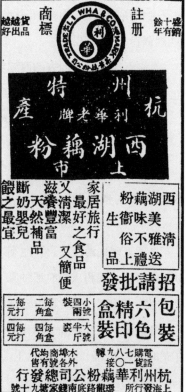

1939 年《新闻报》上的"西湖藕粉"
广告

回，作为纪念品馈赠亲友。1932 年 6 月，周岭梅寄给外祖父母的家书谈到了他精心为年迈长辈挑选杭州特色伴手礼，最终选定西湖藕粉的经过："我此番跟了先生到杭州去旅行，极想买些东西回来，送给你俩老人家吃吃。不过你俩老人家牙齿都已脱落，有好多东西，恐怕都已吃不动了。所以我想来想去，倒想不出买什么东西。后来想到西湖的藕粉是很著名的，你老人家吃起来，也最相宜。"

拥趸甚多的西湖藕粉也渐渐变成了杭州最经典、最普遍的两种旅游纪念品之一。1925 年 10 月，江纯礼在《申报》撰文称"藕粉为西湖之特产，与龙井茶叶并称，凡游杭者莫不购买而归。故藕粉每年之销数，亦不在少数"。20 多年后的情况依旧如此。1947 年，一位《前锋报》作者在谈论西湖时讲道："上海游客，回去时必得买点西湖藕粉去送人"。

同样是一碗普通藕粉，若在杭城山水间享用，总能品出不落俗套的滋味。1935 年春季，一众游客来到九溪茶场参观，其中某君在发表于《东南日报》的游记里写道："茶与藕粉，像是到这里的人必不可少的东西。因为我们之中一个习惯喝白开水的，也端起浓郁的绿茶喝起来，叫着苦，咂着舌头。还有一个多年的糖尿病患者，吃完了一碗藕粉又添了一碗。"游客在西湖边品的是意境，伴着藕粉清香，瞭山聆涛，好不自在。1929 年，作家"洗月"在西湖春游后留下了一篇随笔。如今，我们摊阅那张《时事新报》，一幅清新宜人的江南仲春画卷徐徐展开："我们就坐在朱漆栏边，吃着久负盛名的西湖藕粉。是新鲜的藕粉，加了最白的糖，冲调得很好，便如透明的玉液。盛着玉液的细白瓷碗的底上，有一朵玫瑰红色的小花，这朵小红花也透过玉液显露出来，使我联想到'水清见底，金鱼可数'的幽静景况。在细雨新绿，游人并不多的湖面上吃那碗藕粉，那种滋味非舌头所能尝得出来。"

旧时西湖中也有小船兜售藕粉，其中不乏相对正宗的良品。1935 年，冯麟鲜在上海《电影新闻》杂志上聊到了西湖藕粉："现在要吃西湖藕粉，要趁船游西湖去的时候留意，常常有一艘船在湖中兜卖的。如果遇不着，问一下船家，就可晓得。大约二毛小洋，有一小碗真的西湖藕粉可以吃到。"当然，即便找到了真正出自西湖的藕粉，其口味也未必能胜过他处所产，反倒有可能还略逊上一筹。1922 年版《杭城指南》记称"湖上三潭印月，近亦买藕自磨，然所费不合，且香、色、味较三家村亦不能稍胜，反不如贩售之便捷也"。

真假藕粉的"持久战"

俗谚道"人怕出名猪怕壮"。百年前藕粉蜚声南北后，以次充好、假冒伪劣的乱象层出不穷。于是乎，一场真品与造假者之间的"持久战"鸣锣开打。

造假藕粉频出的一个直接原因是真藕粉用料考究、工序繁琐，因而成本不菲。1936 年浙江省商务管理局所辑《杭州之特产》点出了相关逻辑链："真藕粉成本太昂，以真藕所制者，为量颇少耳。每斤售价约五角左右，一般购买者，以售价过高，销路遂致呆滞。

故各地制造者多视为畏途而转制假藕粉矣。"

　　说做藕粉工序繁琐，确非夸张之辞。须知即便是批量化生产，正宗藕粉的制作也要耗费极大精力。1930 年，《工商半月刊》刊出的《杭州莲粉、藕粉之产销状况》调查报告，记录了近现代真藕粉的工业化生产流程："采取新鲜嫩藕，以木炭洗去外面黑皮及泥污，用刀切去藕节，将藕肉置于石臼中，杵捣成细泥。取出放入洁白麻布袋中，加以压力榨去其汁，其汁储之瓷器。袋中渣滓加以少量清水，捣之如前。然后弃其余渣，将汁合并前汁。斯时其汁已成乳白色之液，可以加半量之清水上下拌搅，则藕粉渐渐沉下。取去水分，将粉移于烈日下晒之，即得干燥藕粉。"看来每一碗清香藕粉背后，都凝结着许多匠心与汗水。

　　假藕粉的掺合物复杂多样。1934 年，薛明剑所编的《衣食住行工艺概要》梳理了假藕粉的大致组成，并针对性提出了肉眼甄别办法："所谓最上真藕粉，实系山芋粉、绿豆粉、玉米粉等混合而成，故冲食时颜色极白，粉亦极细。真藕粉色带黄，决不能有若是之净白。"

　　真假藕粉的甄别十分困难，尤其是仅看成品外观往往难以精准挑出假冒者。1934 年 8 月，《金刚钻》杂志的一篇文章给出了专业但并不实用的建议："市售藕粉，绝少真品，商人往往夹杂薯粉、菱粉等，以图厚利。真正藕粉通常略作粉红色，然每因产地、制粉情形之差异，其所含成分，因此不一律。观真粉之识别，于察观外表色泽及检查分析之成分而外，欲求最有效之识别，惟有提取纯粹淀粉，以显微镜检查其组织形态，乃可万无一失。"普通消费者怎可能有机会或曰闲情去为了一碗藕粉，大费周章去寻找当时很是稀罕的显微镜？看来对普罗大众而言，藕粉纯正与否，还要等美味落在舌尖之际，才会"恍然大悟"。

鉴于市面上仿冒藕粉过多，不少近现代媒体都鼓励读者自制纯净藕粉。1934年，《新闻报·本埠附刊》记载了藕粉的详细制作流程："但购鲜藕一百文（沪市价得藕可斤许），先将切成细丝，入碗中捣烂。以净毛巾裹之，入预备有清水之大碗内，略施揉搓后，绞干之。易水再揉，至绞出汁水不浑为度。随将浑水并入一器（瓷面盆最宜）而搅扬之。乃静置三小时，俟澄清后，徐徐倾去上层余水，即得细腻而可供二人食之佳粉矣。"

杜绝额外添加及杂物冒充的自制藕粉，大抵会呈现出优于一般商品藕粉的风味。1928年，《申报》一篇谈论夏季吃藕的文章，对自制藕粉的风味予以充分肯定，认为自家做的藕粉"食时藕香扑鼻。与市上所购西湖藕粉迥不相同"。自制藕粉者还有机会额外收获一类"副产"佳肴。1934年《时报·号外》刊载的《磨藕粉记》，建议读者把自家磨藕粉时剩余的藕渣，加些许猪肉做成可口的"藕饼"。就着藕粉大啖"藕饼"，味道想来定是清香无比。或许有如此清凉美味，溽暑也不那么恼人了？

西湖藕粉奇遇记

第十五章
夏秋时鲜出水来：江南湖荡里的清蔬佳味

仲夏初秋，闷热的天气总让人心烦意乱。此时，许多男女老少都会将清淡爽口作为三餐标配。炎炎烈日之下，河渠湖泊里的一些淡水水生蔬菜悄然成熟，给苦于燥热的人们送来些许清凉。近代的人们怎样培育、享用水生蔬菜？且循史料溯流而上，一探究竟。

赤紫"牛角"浮河汉

状似牛角的菱角是江南常见的水生草本。揆诸近代史料，嘉兴的南湖、杭州的西湖等人文名湖，都曾是著名的菱角产地。嘉兴南湖的菱角品质颇好，还曾被引入江苏。1933 年，无锡《新北夏》周刊记载了当地试种嘉兴菱角的由来："菱种是托北夏实验区到浙江嘉兴县去采办来的。这种菱种出产于南湖，是没有角的，在浙西一带非常出名，生吃固然鲜美，熟吃尤其甜糯可口，和普通的菱大不相同。"

百年前，江南农人对菱角栽培有着一套成熟经验。1930 年，

《乐园》杂志记载："重阳后，收老菱浸河中，二、三月发芽，撒入陂塘中。茎端出叶，略成三角形。露于水面，柄上具浮囊。叶盛时，有萍荇相杂，即撩去之。夏月开小白花，四瓣，实有四角、三角、二角，故谓之菱角。"作者还分别介绍了生、熟菱角尝鲜方法："生熟皆适口。熟者质软味甘，生而嫩者，剥其肉而啖之爽若梨子。和以茭白肉片，煮为素馔，味极妙。"

采收菱角需要工人驭着菱桶进菱塘劳作。1948年，邹祖绅在《大众农业》月刊上介绍了苏州采菱之景："要用菱桶，菱桶是椭圆形的木桶，高约一二尺，长约四尺，阔约二三尺。采收的时候，由一个人坐在桶的一端，用手在菱株间采收，但是要注意不能伤害植株或嫩菱。采收的时候还得先要明了各品种成熟的适当期，才不致于采得过早或过迟。"

旧时，在江浙一带，有些售卖菱角者会就近取材，用荷叶包裹菱角。1932年，《进修半月刊》称这一习惯衍生出了独特民谚，上虞方言里有比喻秘密藏不住的"荷叶包刺菱"，其逻辑是"荷叶的质地是很脆薄的，刺菱的刺是很尖锐的，拿了荷叶去包刺菱，刺菱的刺，势必将荷叶戳得四洞八穿"。

鲜菱角出水后极难保存，因而即便是在产区附近的城市，小贩们售卖的也大多是煮熟的菱角。百年前，熟菱角的制售是一条完整产业链，1910年《图画日报》描绘："沙角菱，小而老，愈老愈松味愈好。铜锅煮就木桶装，热气腾腾桶口冒。吃沙角菱热吃妙，一冷便觉无味道。"当然，单论风味，菱角还是新鲜的口感更优。1919年，《礼拜六》谈到江西九江甘棠湖的菱角时，便建议宿醉者到湖畔求得新鲜菱角醒酒。作者言称其味道之醇美堪比极品橄榄:"湖中产菱角清沁可口,如宿酒未醒,俯采数枚啖之,如食谏果(橄榄)"。

润滑香芡补脾肾

芡实是睡莲科植物芡的种仁。民间多以俗名"鸡头米"指称芡实,是一味具有益肾固精、补脾止泻效果的天然食材。

芡实的滋味,让无数老饕欲罢不能。1944 年,《海报》刊文《新鲜"鸡头肉"》毫不吝啬地赞扬道:"这东西剥起来很费工夫,滑腻腻的难以下手,但是口味之胜,远过于出壳绿豆汤、鲜莲子百合汤之类。曾在苏州亲眷府上,吃过二次,每次盛三碗,情愿夜里不吃饭"。

1943 年,另一位寓居苏州的文人程瞻庐,也于《大众》杂志分享了他眼中的芡实之美。程氏将"鸡头米"誉为"苏州的口福佳话":"买了新芡,破工夫一粒粒的剥开,用着冰糖同煮,作为点心,异常可口。吃了以后,整个赞不绝口。又芬芳,又滑润,又耐咀嚼。"程氏甚而把芡实当作了夏末初秋的早餐"必备项目":"我每天早点,总享用新剥'鸡头肉',粒粒似珍珠一般。吃了这一碗'鸡头肉'以后,大约有三小时的齿颊生香。自秋季始业起,直到中秋左右,问我用什么早点,没有一天不是'粒粒珍珠当点心',这便是我一年中的黄金时代!"

　　芡实的保鲜，是一件令近现代食客颇感为难的烦事。1936 年，苏州《皖事汇报》披露了一种诀窍：芡实"不善藏贮，易使霉烂。法于晒干入瓶后，以纸密封瓶口，埋地中，经久不坏。煮熟而欲久贮，可以防风、水浸之，可经一月余不致变味。"

　　采收芡实和剥"肉"是一件考验巧劲与耐心的"技术活"。百年前，苏南芡实产区的熟练工曾被齐鲁大地的种植户相中，礼聘北上传技：1923 年，江苏同里刊物《吴江》报道当地女工因"山东贩户，艳羡出产丰富，而未得其法。爱买剪刀一百柄，聘请善剪芡实女工一百名，到山东教授剪法。除供膳宿及来往川资外，每日给薪水一角。闻风而往者，已不乏人"。输出农产品算不上稀奇，但能够向外省输送农技人才，足证当年苏南芡实产业之引领风骚。

　　值得一提的是，来自镇江正大厂的江南匠人们，在 1936 年发明了省下大量人工的"劈制芡实机"，实现了剥"鸡头米"工序的自动化。这件发明以带槽滚筒、圆筛配合切刀，能够高效而集约地剥出芡实可食用部分。实业部奖励工业技术审查委员会特派员到镇江检验了"劈制芡实机"的实用效果，并对其农业应用前景给予高度肯定。

青房白实藏翠芽

　　翠碧莲蓬里孕育的白胖莲子，是夏热秋燥之际当仁不让的养生美食。

1932 年《社会日报》上的荷叶包菱角漫画

1935 年《美术生活》上的采菱照片

1936 年镇江正大厂发明的"劈制芡实机"

近现代江南，荷塘随处可见，但丰产高品质莲子的地域并不多。与此同时，其产出的极品，很多时候也因诸种原因难以为外地食客品鉴。1939 年，《浙光》杂志在讲述金华宣平莲子时介绍了当地两季莲子的产销："莲子以伏采者为佳，名为伏莲，莲心甚长。秋采者次之，名为秋莲，莲心甚短，颗肉不甚饱满。惟伏莲产额甚少，除自食外，颇少出境。以故外县欲购伏莲者，大不易也。秋间莲实成熟后，农家挑向市上售与各山货商店，或由各山货商店，派员赴乡揽购，用排载运永（康）出口。"

莲子的经典吃法很多，但百年前最常见的做法还是"糖莲子"。当时上海的多家著名食品店都制有"糖莲子"飨客。在"糖莲子"基础上，也曾出现过若干改进版莲子甜品。1924 年 8 月，《申报》向读者推荐"暑天应时的食品"，其中包括一道"薄荷莲子"。做法是"鲜莲子去皮，煮烂加入薄荷汁、冰糖屑"。食谱提供者指出，"薄荷莲子"是一类冷食甜点，"待冷食之，颇觉凉爽"。

"莲子冻"也能让人味蕾大开。1920 年，上海《新华月刊》公布了其美味之由来："莲子一斤，去皮、心，煮烂捣如泥。再用冰糖一斤、洋菜四两和水同煎滚数沸。置盘内，下以冰水映之，至凝结后，切成片块。清凉松脆，味极甜鲜。"

家庭自制莲子甜品，首选还是莲子羹。如何将莲子羹做得美味？1917 年 8 月，一位作者在《申报》《家庭常识》栏目中分享了烹制莲子羹的心得："欲其美而可口，须于莲子用沸水泡后，立即去其皮及心（否则炖之开花而不酥），再用温水净洗其皮。乃置于竹筒式盖碗内，加以三四倍之沸水，炖于加足木屑而火灰红透之大脚炉中。约半时许，加入适量之冰糖。二时后，莲子呈玉色即可取食。"

　　苦涩的莲心是不少食客亲近莲子的"拦路虎"。但这对于"望莲生津"，迫不及待想要尽享鲜甜的前人而言，算不上什么难题。只消一根竹签，先民们便可免去给莲子"开膛破肚"的繁琐工序。1941 年，沈凤在《家庭》杂志示范了操作："把干莲子用沸水泡过，一一剥去外皮，用小竹针从每一粒莲子的底部刺入，同时轻轻拨开它的顶端。使得莲子的心，可以因受竹针的压迫而从隙缝中钻出。"

　　稍作一提醒，传统中医药认为菱角、莲子和莲心等都是性寒食材。所以掰着菱角、端着莲子羹消夏之时，也要适度控制摄入量。千万莫因贪嘴，伤了身体元气。

江南湖荡浮菱角

第十六章
百年前老上海的"吃瓜"往事

翻开日历，不觉间马上就要到立秋了。按照江浙一带的老说法，立秋前后要吃西瓜。其原因是立秋过后的西瓜不仅产量下滑，品质也逐渐变劣。错过了这个当口，就要等明年才能再享受那口淡红蜜汁的透心清凉了。

百年前，近现代上海人如何看待夏季的那一片西瓜？1918年，上海小报《笑舞台》上的一句话吸引了笔者的目光："甲曰：春花秋月最足动人，夏日以何者为最？乙曰：西瓜！"不止于此，1934年，《申报》刊发的科普文更是直呼"夏季水果，王的西瓜"！

生活精致的老上海中产阶级一直很重视西瓜正宗与否。1947年盛夏，化名"小文"的上海作家在一篇随笔里感慨：西瓜"这口福仅是江南人的"！"小文"对西瓜的品相极为挑剔，对于市面上的"杂瓜"甚是不满："在异乡，这些黑皮红瓤下劣的瓜种，也视为珍贵的了。"由此她内心更加想念上海故园，想念家乡"青皮白肉蝴蝶子的雪瓤西瓜"。

有钱人在细致地挑拣，普通上海民众也可尽己所能，在一堆西瓜里发掘出若干精品。挑瓜是很有门道的。1928年，面向普通民众的《上海常识》杂志发表了"明道"执笔的小贴士《吃西瓜》。作者贡献出了他分辨西瓜生熟的窍门：第一招是"看它的瓜蒂，若是凹进去很深的，这只瓜就是熟的"；第二招是"把手指在西瓜上弹几下，听它发出来的声音，若是木的，这只就是熟瓜"。历史地看，西瓜对不少老上海普通百姓而言，也不是能够随心享用的"贱物"，不少近代上海家庭难得有福气消受一只西瓜。

于是乎，精明的老上海人便会想方设法将每只西瓜、每个部位的价值发挥到极致。1934年，一篇"吃瓜"札记写道："瓜子晒起来，瓜皮腌起来，消遣食品也有了，泡饭小菜也有了！"腌制西瓜皮可谓是当年小菜"一绝"。1940年，《新申报》展示了相关食谱："把西瓜皮切碎，用盐水腌渍、晒干，然后放入豆酱的缸种，过几日即可取食。"

老上海对西瓜的热爱催生出了繁华的夏日瓜市。1936年，《时事新报》新闻介绍："上海的西瓜市，要算十六铺最热闹。在租界上，沿苏州河外白渡桥、老闸桥、新闸桥，也有三处西瓜市。那些西瓜贩子，如果要上好的西瓜，那么最好是到十六铺去。要是十六铺嫌远，那么白渡桥的西瓜最好。西瓜上市之后，到十六铺、白渡桥、老闸桥、新闸桥那些瓜市上去一看，那么每一家地货行里，摆满了西瓜，到处是人。"

同篇报道也记述了旧上海西瓜小贩的劳作情形："所谓'一扛'是一竹筐……西瓜贩子在瓜市上花了三四块钱，买了'一扛'西瓜。回到家去，要把里面的西瓜提拣一下。因为是'笼统货'，上好的卖给公馆人家，次货卖给小贩子在马路上切开了零卖"。但是

1934 年《大众画报》上的沪上西瓜贩卖场景

1947 年《前线日报》上的西瓜摊

1948 年《今日画报》上的街边西瓜摊

光有货是不够的，熟门熟路的"人脉资源"也是旧上海小贩售瓜的必备"路数"："在上海住得年数多的西瓜贩子，他们对于某一处的住家都熟识的，可以挨家挨户去抖揽。不熟的，只好在每一条弄堂里面叫喊。碰得好卖掉些，碰得不好卖不掉。"

老上海的贩夫怎样叫卖西瓜？不少近现代报章作品都留存了生动的卖瓜"声景"，至今闻之仍不禁口舌生津。1947 年《和平日报》上一篇散文记道："西瓜要伐，雪瓤西瓜！"这篇文章还透露了两条有关近代上海瓜市的重要信息：其一，近代上海市面上销售的西瓜，多半由浙江走水路运至十六铺码头。上海城附近各县的"本地瓜"，仅占很小份额。据说那时每到暑天，十六铺码头就会"堆满了西瓜，其他水果黯然失色"。浙江销往上海的西瓜又是从哪里收获的呢？文章告诉我们，那时上海西瓜有前后两波供货。第一波瓜数量大，来自杭州，但品质稍次。第二波瓜以"马铃瓜""老虎瓤"居多，摘自嘉兴平湖，质量要略胜杭州瓜一筹；其二，老上海的西瓜销售局面很是多元。除却整只出售西瓜的水果店铺外，也随处可见面向黄包车夫、搬运苦力等穷苦大众的"西瓜摊"，那里西瓜是切成小片叫卖的，让囊中羞涩的城市底层劳动者也有机会稍获清凉。

说到近现代浙江行销沪上的西瓜，除了上文提到来自平湖、杭州的西瓜，海宁的"蜜瓤西瓜"也是老上海风靡一时的消夏绝品。所谓"蜜瓤西瓜"，其实就是那时海宁特产"雪团瓜"。据说这种瓜能带给懂行品尝者"味甘逾蜜，气香芳兰"的独特享受。由于上海市面上仿冒浙江优品瓜的杂瓜不计其数，20 世纪 40 年代，平湖几家售瓜企业还联合开展过"正品标记"行动，让正宗产自平湖的西瓜"个个印有标记"。另一面，苏南各地的名品西瓜也有流入近现代上海市场的。虽然数量不比浙瓜，但也在品质保证上下足了功夫。譬如20世纪30年代上海天生恰记商行发售产自江苏常熟王庄的"老虎黄西瓜"，为确保瓜品新鲜，该行每天都会派出专车前往常熟拉货，把甜美西瓜从陇间地头直接搬上申城市民餐桌。

夏日吃西瓜的灵魂在于一个"凉"字，可以说西瓜是老上海市民阶层最经典的消夏伴侣。冷西瓜何处寻？老上海的"冰瓜"方式真可谓五花八门。1938年夏季，平湖西瓜公司在上海北苏州路设立代销点，既按担计价批发西瓜，也紧跟市场需求，提前冷冻好西瓜，以一元一只的较高价格出售"冰西瓜"。20世纪三四十年代，上海、北平等城市的许多高级冷饮店，也会利用新鲜西瓜制备一种广受欢迎的果汁饮品——"冰西瓜水"，具体做法是"成熟的西瓜剖开后，把肉心挖出去子，放在舂钵里捣出汁水，用布滤清，注于玻璃杯内，加冰糖与柠檬汁"。

颇为有趣的是，西瓜在近现代上海国货运动盛行的岁月里还被贴上了"爱国"标签，那时，国货派认为冰激凌等冷饮侵犯中国经济主权，本地西瓜则是当仁不让的"中国冷饮"。1936年7月，"小春"在《上海报》撰文"提倡吃西瓜"，呼吁民众在日常冷饮消费时多多关注国产西瓜，避免冰激凌等外来冷饮过度挤压西瓜的市场。作者"小春"奋笔痛批冰激凌等西式冷饮对西瓜市场的挤占："近年以来，人们对于消暑所需的食品，都改饮汽水、橘子水、冰激凌、果子露。尤其是有钱的人们，无论在交际场中或家庭之内，每饮必以汽水、冰激凌相进。而且这一类摩登的饮料，都是外人经营的商品，现在竟掠夺了西瓜的销售市场，以致西瓜售价大跌！"

近现代上海的西瓜从来没有华洋边界，寓居上海的西方人里大有酷爱西瓜的老饕，甚至不惜出高价收购精品西瓜。1937年，张琳发表在《大公报》的《漫谈上海的西瓜》一文介绍，近代上海出现了专门面向旅沪洋人售卖西瓜的贩子，让人啧啧称奇："还有一般通英语的瓜贩，专门向各西人住宅及酒排间等兜售，此种营业虽没有中国人方面大，但利益却驾而上之，至少也得和中国人购买相差一倍！"

所谓"瓜田李下"，成熟期的瓜田难免让那些心怀不轨者蠢蠢欲动。于是乎，农民除却奔波联络运船，还需"驻点"谨防窃贼。1936年8月，《新闻报》讲述了成熟期浦东瓜农守护果实的不易："为着防备西瓜损失起见，都在瓜田的一角，搭起一个足可容纳一个床铺和一张桌子的茅棚，作为三更打火、凉月西沉时的守候之用。因此，在这个时期里的晚间，人是难得有定定心心睡一觉的……人管上中下三辈，一起齐拢起来，闹个通夜，西瓜也似乎藉此可以保存。"1938年，"波光"发表在《上海报》的一则琐谈，半真半谑地提醒读者："月明之夜，夜行者经瓜田旁，切戒弯腰趿履，有遭误枪之危险。"读罢，您是否也想起了闰土在月夜下刺猹的场景呢？看来西瓜这口美味，人兽都很惦记！不知鲁迅先生定居海上那么多年，可也曾对老上海的西瓜着迷过？

反正我是没工夫具体查证了。再不赶快出门买西瓜，就要到立秋了！

老上海吃瓜往事

江南烟火

秋

第十七章
近代上海人是怎样吃到东海海鲜的？

　　转眼 9 月，东海即将全面开渔，老饕们很快便能心满意足地大啖第一网"透骨新鲜"。回看百年前的上海，热爱海鲜的前辈们虽不如今日条件优渥，却也可以凭借枕江滨海的地利，一品种类丰富的东海鱼虾蟹贝。

大海馈赠的一段旅行

　　老上海人心心念念的海鲜从何而来？对于这个问题，时人给出了明确答案："一般开鱼行的，大都是宁波人。且不论在他们的本地，就如上海小东门十六铺一带的鱼行（包括鲜咸的），又哪一家不是'阿拉'人？！"1933 年，上海市立渔业指导所统计显示，当年市民共消费了 82 150 担鲜带鱼及 9 934 担咸带鱼。巨量带鱼需求完全仰仗宁波等渔场供应，上海"本市渔轮捕获者，仅占六百分之一"。沪上海鲜姓"阿拉"的现象贯穿了 20 世纪上半叶。1950 年，新华社记者获知的数据是"上海鱼市场往常每年成交鱼货一亿二千万斤以上，其中海鲜占八千多万斤，大部分来自舟山群岛"。

今属宁波与舟山两地的渔区，不仅是百年前沪上海鲜的主要来源地，其之于当时全国海洋渔业整体格局，亦至关重要。1936年，《华北日报》一则新闻概述称"浙江省舟山、中街山、马鞍山列岛等地年产大黄鱼、小黄鱼、鲷鱼、带鱼及墨鱼，每年产值达二千万元，产量占全国水产出品三分之一。"细细想来，这组数据也从一个侧面暗示了百年前的老上海人有多热爱海鲜。

上海人不仅爱吃宁波鱼，对宁波渔业动态也颇为关心。早至1901年，上海《集成报》就曾报道过"宁郡所辖洋面鱼汛放洋"的消息，赞叹宁波"同乡以捕鱼为业者甚众，船共一万数十艘"。可以说，海鲜是近代宁波连结上海的又一重"亲缘纽带"。

近现代上海的海鲜大多来自宁波。宁波海域的水产捕捞，又是怎样一幅历史图卷呢？

自然鱼汛是近代东海渔民的"衣食父母"。1935年，《新人周刊》如此描述近代甬舟渔场的鱼汛分布："第一期在冬末春初的时候，叫做带鱼汛；第二期是在仲春，是墨鱼（乌贼）汛；第三期是暮春到初夏的当儿，则是黄花鱼（小黄鱼）汛。"在近现代东海，还有针对鱼种的鱼汛命名。1942年《时事公报》介绍，衢山黄大洋海域盛产大黄鱼，多数年份会出现"花水"（农历四月中旬）、"正水"（端午节）、"五月半水"（农历五月中旬）等前后相衔的三波黄鱼汛（"三水"）。

近现代靠东海鱼汛吃饭的渔民群体非常多元，甬舟渔场可谓"千帆竞渡"。1931年《时事公报》记述，在近现代宁波海域里，各地"渔帮"划区作业，多数时间井然有序。本地的奉化帮、东门帮、定海帮，一般会自清明鱼汛开始，捕捞至立秋前后。这与外来台帮在端午前后即收网归乡的习惯明显不同。共享东海渔场的温州帮较特殊，立足虾脑、清滨一带，"专捕墨鱼，在海面或沿海各地渔网张挂，触目皆是"，是"一枝独秀"的专门户。

"君看一叶舟，出没风波里。"且不论恶劣海况与高风险流程，单是乱世的海洋秩序失控就已令近现代东海渔民苦不堪言。20世纪20年代，吴淞口外不时有海盗骚扰向上海运输海产的浙江冰鲜船。虽然江浙渔业事业局等主管单位亦曾派出警卫舰艇护航，但收效甚微。同样，海盗也威胁着出海打鱼的船只。仅1933年，宁波出海的渔船就有四五十艘惨遭海盗打劫，至少70名渔民惨死在海贼枪口下。全面抗战爆发后，日本军国主义将魔爪伸向东海，渔民更加坠入水深火热之中。1938年，日伪在舟山群岛屠杀、驱逐渔民，随后引入日式渔船，独霸渔场，"侵蚀渔利"。值得一提的是，面对日军暴行，旅沪宁波鱼商恪守民族大义："伪上海鱼市场成立之日，到敌轮鱼货六百余箱，幸鱼贩深明大义，不去贩卖，情况萧条。"

除常规渔船外，近现代东海洋面上还航行着为数不少的"特种渔船"。譬如对乌贼、海蟹等"喜光"水产，渔民会在夜间驾驶"烧火船"吸引目标"见光麇集"，见机下网。那时舟山群岛的渔获主要是大黄鱼、鲳鱼、鳓鱼、螃蟹。所有海产都有直接对接上海、宁波城市市场的专门渠道："渔船归港，即售予冰鲜船转销沪甬"。

运往上海的东海海鲜在哪里上岸？1936年，《生活星期刊》指

1932年《儿童晨报》上的带鱼漫画　　　1935年《礼拜六》杂志上的上海鱼市外景

1936年《美术生活》上宁波、舟山鲜鱼销往上海的转运场景象

1936年《生活星期刊》的上海鱼市内景

出："以前上海人吃的鱼，以十六铺一带为集中的市场。"1933年
11月，《上海宁波日报》记录了十六铺鱼市全盛期的景象：天还没
亮，零售的鱼贩们就会聚集在码头，争抢从宁波运来上海的新鲜海
产。这些前一日捕捞出水的鲜货，被宁波船工码放进专门的"鲜
鱼桶头"里，经一夜航行抵沪后仍能保持相对新鲜。刚刚装满担
子，小鱼贩们便要快马加鞭赶赴市场，否则"过此时间，不但不易
出售，鲜鱼有即行腐败之势"。堆放在上海码头的那些"鲜鱼桶头"
会在当天午后3点左右陆续装船，由执行上海—宁波航线的客轮运
回，以便翌日重复使用。

　　1936年5月，杨树浦定海桥附近新开的上海鱼市场建成投用。
全上海零散的海鱼、淡水鱼及其他海产交易，逐步集中至此。地处
杨树浦的上海鱼市占地约47亩，配套建有办事处、拍卖场、临时
仓库、冷藏库、岸壁、浮船码头、经纪人办事处。《新少年》杂志
的评论指出，新市场相较十六铺码头的最大优势是"有冷藏库保持
鲜味，以免渔民多受损失"。

　　由于鲜鱼保鲜成本高，也因旅沪宁波人众多带来的风味嗜好效
应，近现代上海的鱼鲞消费很旺盛。墨鱼、黄鱼、贝类"无所不
鲞"，饭桌上"无鲞不香"。鱼鲞如何制成？这门手艺的精细程度远
超多数人想象。

　　就拿黄鱼鲞作例子吧。1933年，姚咏平在岱山参加了水产加
工实习，由此留下了珍贵的"制鲞工艺田野实录"。做黄鱼鲞的第
一步，雅称"三刀头"。往细里说，是制鲞者坐在长板凳上，另一
头用线拉出方形框，把鱼头朝人，背鳍向右嵌入框内固定，随后划

"三刀"：第一刀，从背侧头后划至尾部，要做到"深可通腹"。随后，制鲞者要顺势把鱼身翻个面，紧接着沿"胸鳍后臀鳍前，自背至腹"这条线，补上第二刀、第三刀。接下来，制鲞者要借着手腕巧劲完好无损地抽出黄鱼胶，随后通过刀孔，将食盐塞入鱼体，再把大量盐均匀地涂抹在鱼身表面。盐渍好的黄鱼会堆叠在盐桶内并压以重石，就像腌雪里蕻咸菜一样。三四日过后，就要进入干燥环节，晴日下的晒场铺满席篓或稻草，制鲞者把盐腌过的黄鱼整齐排开，同时顺手将朝上的鱼鳃揭开，隔半天翻个面。如此暴晒三四日后，黄鱼鲞才算大功告成。

海中珍馐的滋味演绎

吃海鱼是老上海千百年来绵延不断的饮食传统。对于如何将透骨新鲜的东海水产加工成令人垂涎三尺的佳肴，百年前的沪上老饕们自是心中有数。

带鱼在百年前老上海人的水产消费中占比较高。1937 年，《铁报》介绍了上海市民的带鱼食谱："带鱼的吃法分清炖、红烧、油煎三种"，其中油煎带鱼滋味最好，那时的一般做法是"先把带鱼洗净，切成三、四寸长的一块块，用盐一腌。大约早晨买来的，在吃晚饭前可以煎了。煎时油要多，要热。一块块放下锅去，哗啦啦地煎得两面微黄。趁热吃时，又香又脆，可口极了"。此外，《铁报》文章还描述了普通民众保存鲜带鱼的办法："如带鱼买得太多，一时吃不完，你可以把带鱼洗净切块，腌一腌。用绳将带鱼一块块串起来，挂在通风而没有日光、雨水侵袭的地方。过了几天拿下来，放些葱、姜、酒，在饭锅里蒸来吃，或放在油锅里煎来吃，都很好吃的。可是不要隔得太久，因为日子太久，带鱼就要发油，一发油就不好吃了。"

大黄鱼虽较贵于带鱼，但在当时也并非普通市民家庭消费不起的高档海鲜。当时的大黄鱼捕捞业相对丰产，正如1946年《东南日报》主笔所目睹的黄鱼汛场面："黄金色的鳞片，似穿着金铠一般，浩浩荡荡地聚集在长江口外各处海面"，自然也就价格亲民。1937年，《铁报》向上海读者推荐了一道家常"煎黄鱼"菜谱："把鱼鳞刮去，加盐略腌，使鱼味稍咸、鱼身体的水分略干。然后将锅中放上少量的猪油，油熬熟后，将鱼投入，反复煎透。此时油渐吸入鱼身，用上好料酒、酱油、糖混合成汁，不可太多，倾入锅中。再以鲜菜叶或雪里蕻覆鱼身上，以空碗覆锅上，文火煎之，留神不可使其糊焦。历半小时取食，汤干菜香，鱼肉更嫩。"这道菜中可见"雪菜大黄鱼"的些许影子，亦是长三角饮食交融的一条佐证。

在老上海的海鲜食谱里，贝类也是不可替代的重要一环。1931年，上海《新家庭》杂志推荐的"家庭小食谱"里，就囊括了"蛤蜊蒸鲫鱼""蛎黄炒鸡蛋""蛏子拌猪腰""海瓜子虾球"等针对贝类小海产的烹饪说明。

蛤蜊是百年前上海最典型的大众贝类海产之一。1937年，《新闻报》副刊文章梳理了当时流行的蛤蜊吃法："蛤蜊可与笋同煮，佐以火腿，味殊清隽，名蛤笋汤。又可蒸食，须将蛤肉与火腿片、香蕈、鸡汤、黄酒同入碗中。上锅蒸之,及熟,略加麻油,亦颇可口。"这篇文章还亮出了一条食用蛤蜊的技巧贴士:"蛤蜊肉往往黏附于壳,不易脱下。若用枇杷核内仁同蛤蜊蒸煮,则易脱下"。

蛏子也在百年前的上海海鲜市场里占据着一席之地。当时,老上海日常所食蛏子中有很大一部分来自邻省浙江。1936年,《浙江省水产试验场水产汇报》刊载的专业调查称,"浙江养蛏地点,为镇海、定海、梅山、六横、朱家尖、顺母涂、奉化、象山、石浦、宁海、台州松门、玉环、下塘、塘祥、水孔口等处。年产约有百余万元,为浙江咸水养殖之最重要者,亦为浙江沿海人民之重要利源。究其起源,闻尚在百余年前,其方法首自福建传入。因其生长迅速,风味佳良,销路广大且毋需多大劳力,故竞相饲养之。"

泥壳内的腥臭蛏肉,百年前的食客自有一套心得,将之"改头换面"成弹牙鲜美的绝味蛏子。1935年,《新闻报》随笔《谈蛏》透露了几种热门吃法:"食蛏有用酒醉者。洗蛏后,沸水泡之,须浸没蛏壳,以盖覆之。约十分钟许捞起,用黄酒、酱油、姜末拌和即成。亦可煎煮,剥蛏壳,入油锅中煎之。倾下黄酒,盖锅盖焖之。少时放酱油、葱屑及少许清水煮透。然后用白糖和味,盛诸盆盎,即可登席。但须乘热而进,以免腥气。"

大海,养育了成长在海边的江南人,也令温婉的水润江南在"奔流入海"中淬炼、展现出了广博而深沉的一面。海鲜,正是江南文化这般"复调"的生动历史见证。波光粼粼间出没风浪的渔船,一网接一网地收获着滨海宜居的理想生活。

东海鱼鲜运沪上

第十八章
抬头明月光：中秋月饼的百年印痕

　　月饼形似满月，寓意团圆和美，是中国人最为熟悉的一种中秋佳节美食。百年前，伴随着跨区域经济联络强化，以及城市生活、商业文化的嬗变，大都会与某些小城镇的月饼"风貌"发生了显著的变迁。近代月饼的格局与特征如何？月饼之于近代市民而言仅是一款"仪式食品"吗？且沿着百年前文士、记者的笔迹，一窥"月饼的近代史"。

月饼的流派江湖

　　幅员辽阔的版图，决定了中国在月饼流派方面绝不会单调乏味。1942 年，日籍民俗调查者撰写的《中国民俗食品》(『中國の風俗と食品』) 便列举了三大月饼"系"各自的代表口味："南式：火腿、五仁、玫瑰、豆沙、椒盐、枣泥、咸肉、葱油；北式：自来白、自来红、提浆、翻毛、大供月饼；广式：豆蓉、莲蓉、咸腿、莲子"。

相比这个分类，对今天的国人来说，"苏、广二分"是更耳熟能详的体系。1928 年，《常识》杂志整理了上海市面上月饼的主要分类，依照的便是"苏、广二分"的大致逻辑："可以分为广东月饼和本地月饼二种。广东月饼中，也可以分为两派，一派是广州人做的，一派是潮州人做的。本地月饼中，也可以分为苏派和宁派。"

苏式月饼是长三角最主要的"家乡月饼"。在长三角其他地区的月饼"知识谱系"里，广式月饼往往和"甜"挂钩。苏式月饼反其道而行之，相对来说，专注于"咸"味。1936 年，《东南日报》的一则杭州月饼店广告显示，在售的苏式月饼有"三鲜、葱油、云腿、鲜肉"等种类，而广式月饼则有"豆沙、枣泥、百果"等口味，甜、咸区隔分明。

在近现代市面上，苏式月饼的一些"变种"亦颇受居民喜爱。1938 年，《香海画报》提到上海"南京路浙江路一带，有一种像铜板般的椒盐小月饼出售，每个售铜元一枚，销场大得很"。当然，在苏州以外的"苏派"食文化圈内也孕生出了诸多地方特色月饼。1946 年，上海《文饭》周刊就提到"在苏北一带，尤其是淮阴等地，所制的月饼也颇具特色。皮子细而白，馅心比较单纯，但也有一种朴质的情趣"，堪与苏式月饼正统媲美。

或是求新心理影响，百年前长三角的食客不少都曾"见异思迁"，被广式月饼所吸引。1935 年，《东南日报》的作者比较两者差异："在过去，我们知道月饼仅有一种，即所谓'苏式月饼'……可是同犯一个毛病——油重又太甜，上口腻嘴，很容易把牙齿弄蛀……自从广东月饼跟着陈皮之类到了杭州，杭州人对于月饼便转移了嗜好……尤其是那（广式）月饼外层的敷粉，经过了适当的烘焙，显现出那么非常动人的微微的赭黄色。不吃，看看也得多看一眼，不比苏式有时候会弄得'乌焦八公'，叫人不敢放进嘴去。"

更有甚者，那时有苏州人竟以到上海尝广式月饼为喜事。1943年，某苏州籍文人在《申报》上回忆了童年来沪时发生的"月饼趣事"："我父亲、母亲原要想'荡马路'，但是我和我的妹妹，聒噪着他俩，定要吃广东月饼。这广东月饼，是父亲每次由上海回家，总要带几个来给我们的，所以印象最深。一到上海，就牢记着这四个字。父亲没法，就带我们到了楼盘，一爿广东茶馆，喝的是乌龙茶，吃的就是广东月饼。"

对近代大都会民众而言，广式月饼是"贵"字当头。不只零售时每只小月饼价格要高于苏式，更有供富家祭祀、赏玩用的"大月饼"天价惊人。1943年，一位作家在《新民报半月刊》感叹："在南京、上海看见过大月饼，厚约二寸，直径总有一尺五，据说里边的材料什么都有，每个要卖四十五元。在橱窗里边摆着，上边有种种的花纹，焦黄可爱，颇使人艳羡。然而这个大月饼究竟是何滋味，不仅我没尝过，就是我的朋友们也不知道。"

精致繁华的月饼市场

1935年，《机联会刊》分析了当时上海月饼市场的"优势易主"现象："在二十年前的上海市场的月饼地盘，完全为苏式所霸占。广式的月饼，不过应时点缀。在市场上的势力，真是微乎其微。后来，年复一年，广式的销路逐渐畅旺，而苏式的销路却日趋落后。至今日，上海月饼市场的势力，完全为广式取而代之。"广式月饼的崛起，意味着月饼走上了朝向大市场化、消费主义化转型的道路。

谈及月饼的大规模市场化，上海冠生园无疑是那个年代最经典的案例。1936年，《时事新报》撰稿人参观过冠生园月饼流水线后，描述了其中情形："工作非常紧张，连走道上都放满了已经制好的月饼。里面工作的情形，则是取分工合作的。有许多女工在捏馅子，她们把拌好的馅子捏成圆圆的一团，然后在秤上称了，再送到男工的手里去。男工则在每个馅子上包了一层外皮，搓得圆圆的，由另一个男工把它装在模型里揿平了，再把它'敲'出来，软胚便成了。于是送到炉灶间去烘，经过十分钟至半小时的工夫，经过包装，便可以应市了。"当时冠生园还为月饼产品建立了覆盖全国多地的原材料供应链。1940年，《神州日报》上的冠生园豆沙月饼广告称该产品"用太仓特产赤豆，配以潮州白糖、玫瑰糖等"，南北珍味融于一馅，诚可谓独具匠心。

冠生园凭借工业化和商业化的思路，成功打造了一个"月饼帝国"。1946年，冼冠生在接受《礼拜六》周刊特约采访时透露："现在冠生园每日能产大月饼五、六万只，小月饼十余万只，行销遍于全国。"在近代月饼市场上，这毫无疑问是个极具震撼力的战绩。

与上海相似，南京等近代江南城市民众的消费习惯也在20世纪二三十年代转向了广式月饼。1932年，《南京晚报》评论称：

1924 年《时报》上的月饼铺子漫画

1933 年《青青》杂志所登中秋月饼大会上的冠生园月饼广告

1934 年《良友》杂志上的街头月饼广告

"在十六年前时，本京各种月饼销路最广者，首推苏制，本地者次之，广制竟无人问津。十六年后，粤人云集京都。于是苏制月饼之营业，遂一落千丈，广制月饼，竟异军特起。"

1936年，《实报》谈到了北平广式月饼的制销情况，显露出了些许"本地化"趋向——广式月饼早已成为北平中秋的常规点心，与传统京派甜食共存共荣："这两家的广东月饼，每年是废历七月十五日开炉，一直到了中秋节收炉。师傅从前是广东请来的，现在是北平人学习制造。前半月是制馅子，像煮豆泥、煮枣泥、煮冬瓜蓉、拌五仁馅子等都是的。开炉之后，每天可制作月饼二百斤至四百斤。发售的时候，是一斤一匣，或二斤一匣。"

当然，竞争只是不同流派月饼间关系的一面。在多数城市，苏式与广式月饼还是能和谐共处，有针对性地满足老饕们的各自口味。1933年，《申报》新闻通讯人走访上海南京路大陆商场发现："秋节月饼业已上市，土产部之苏式月饼、糖果部之广式月饼、南货部宁式月饼，均美味可口。"这般和谐景象是近代大都会月饼市场的真实写照。

百年前的上海滩，精明的市民阶层将月饼生意做到了"极致"。1944年，《东方日报》记称"海上有一部分店家，专做应时食品。〔端〕午节前后卖粽子，春节前后卖年糕，值此秋节将近，则又改卖苏式月饼"，把节令美食附带的商机发挥至极。1932年，《电声日报》也提到上海："小店铺制月饼的也很多，北四川路一带，尤为月饼集中之区。'中秋月饼'这四个字的招牌，到处都飘舞着呢！"月饼早已成为秋日里近代上海的一道城市风景。

锅气升腾的现烤月饼

月饼既是馈赠节礼，又是季节性美食。百年前的月饼记忆，也处处升腾着烟火气。最亲近民生的月饼，当数苏式月饼的"街头摊"。

1938年，《上海生活》月刊称"三、四年来新兴一种苏帮月饼摊，散兵线般，分设本埠各马路畔。有依人篱下，凭商铺一角。有占人行道数尺地盘，木板三块，玻格木盘五六只，烘炉一座，纸盒若干，已是全副生财。饼司二、三人，似大饼油条摊，随烘随卖。他们因开支省、馅料次，月饼售价，较同帮店铺便宜。小市民爱乐惠顾"。引文所言大多不虚，但别误信其"馅料次"的表述，老上海街头的苏式月饼味道毫不逊于百货店柜中所售者。1938年，《现世报》周刊就报道："最近上海采芝斋的榨菜月饼，以肉和榨菜为馅，其味比苏州普通的肉月饼更佳。这种是杭州的名产，现在极受上海顾客的欢迎。每天下午就有许多顾客，立在炉子旁边等着，真使人垂涎欲滴的。"

在苏式月饼"发源地"之一的苏州，现烤月饼摊更是令初秋街巷里溢满鲜香。1947年，《铁报》报道称，"这几天，一条观前街和半条宫巷，又成了月饼摊的天下。有一位老先生从观西数到观东，一共十八个摊子。宫巷里北半段，也有六七个摊子。这些摊子上，都是做的面积像往年墨西哥'鹰洋'般大的小月饼，厚约半寸弱。甜的有玫瑰、白果、夹沙、椒盐、枣泥五种，咸的有火腿、葱猪油和鲜猪肉三种，而以咸的生意为茂美。因为刚出炉的肉月饼，味儿的确很腴美的。"对当时的苏州市民而言，月饼既是街头大众美味，也是一门可助人"供养家室"的营生。1946 年，《报报》周刊调查了苏州街头月饼摊的境况："因需本不大，所以街头角落随处可见简单的自制月饼摊。他们靠了一副锅炉，居然也可在一个八月半中赚出一笔寒衣费。据摊贩告诉记者，一锅月饼平均可焙七、八十只，每天做五、七炉不等，赚头只扯'三分钿'。"

饱含浓情的自制月饼

虽然百年前的人们大多是从市面上采购月饼，但也不乏自制月饼过中秋者。1925 年，《时事新报》的一位湖州籍作者说明了家乡的相关传统："我们过节用的月饼，往往自己拿馅子去叫他们店里做，味比买来的格外好些。"1936 年，无锡《生路》月刊的作者也表露了相似的态度："吃腻了无锡月饼，再尝广东月饼，的确别有风味。"为此，他专门向读者展示了广式豆沙月饼从制皮、填馅到烘焙的系统做法。

从当时报道来看，乡间自制月饼的技法既依附于点心店制作大流，又往往存在些个性差异。1925 年，《时事新报》讲述了江阴乡间的一种月饼皮制法："一半用脂油或素油和熟水拌和，一半单用热水拌和，各取一半，大小观所制月饼以定。展成薄饼，把两个叠置，卷成轴形，复展之。成薄饼后，再把它卷好，照样制造。经几次，又卷成轴形，用食指插入它的一端，廓成圆杯形，把馅料放入，捏成球状"，这与当年食谱里所记它地做法多有不同。

统计有限的报章回忆，不难发现当时人们自制的多是苏式月饼。缘何如此？一个重要原因是苏式月饼材料更"亲民"，且制作程序更简洁、便利。1935 年版《家庭新食谱》称制作苏式月饼除用到干面粉一斤、荤（猪）油二斤外，还需将以下材料"斩细候用"，作为馅子："腿花肉四两、云腿四两、青葱五枝、陈绍兴黄酒一两、浓酱油一两"，这些内容远比莲蓉、五仁等制作工艺更复杂繁琐的广式月饼馅料更接近百姓自家厨房。同样，广式月饼的烘焙也比"一只炉子一只锅"就能办成的苏式月饼来得麻烦："炉底须铺以生盐混合碎玻璃的泥质，燃料采用木柴，这样烘法有保持标准温度的功用。"

当然，最有机会尝到新鲜出炉月饼的还是点心铺的主人及其家属。1927 年，某作家在《语丝》上回顾了儿时家中的茶食作坊，其中写到家人在中秋节前赶制月饼时的一幕场景："每次做饼子的时候，他们都为我做一个小的，好馅儿的'洗砂饼'或'枣泥饼'。新出炉的热月饼味儿倒比冷了以后好。"如此口福，外人怕是难有机会体验的。

丰俭各异的月饼包装

百年前，月饼的包装便已是中秋前后的热点话题。而包装简约或奢华的差异，也主要发生在苏式月饼与广式月饼这组"竞争对手"间。

1925 年，《半月》杂志论述了苏州月饼包装的历史变动："手提肩负皆此五色斑斓之月饼匣子。旧时，苏城月饼装薄木片匣，而外裹以白纸，上盖以招纸。俗议身瘦而食量甚宏者曰'月饼匣子'，亦以其外观虽怯，而内容实丰耳"。关于这类简单包装月饼的打包细节，1935 年《世界晨报》里留有一段记述："以四枚为一匣，匣以薄木片为之，外用纸裹，贴店号招牌。横端盖一红印，文有'合锦'字样，并注明价格其上。"更草根化的上海月饼摊会如 1928 年《常识》杂志所言，采用"用白纸糊成"的纸盒简单包装。由此可知，当时苏式月饼的朴素包装主要是功能性的，而非服务于审美目的。恰如前引《半月》杂志里那句苏州俗谚的寓意，苏式月饼重在"食"，而不重"饰"。

相形之下，过去上海的各家广式月饼普遍关注"颜值"，尤其对包装的艺术化看得极重。1946 年，《报报》周刊就此讽刺："'花式'点，那么'三潭印月'、'云裳仙月'等等美丽的名目加上去，每只价得六万、八万了。冠生园最华贵的一只月饼，尚在制造中，定名是'平安岁月'，售价十三万元。不过全上海最高价的一只，却已在大三元的橱窗中问世，标价三十二万元，名称是'大同世界'。"广式月饼被过度美化不止于此。1943 年，《新都周刊》指出，广式月饼中还有两类"可目而不可口"者："饼面不用硬印浮影，而用手工描绘，或者用糖花纸之类堆砌。每一个饼，各占一个圆形的盒子，盒面蒙以极稀薄的纱布，用以望见盒内的饼，考究的用玻璃盒面。还有一种做成像小猪的形状，大小不盈握的。外面罩以一个竹编成而涂染彩色的'小猪笼'，这是哄哄孩子之用的。"这显然与月饼作为中秋食品的本质背离甚远，也因商业气息过重而脱离了民俗文化轨道。

　　近代上海月饼市场，曾上演过一出"面子胜过里子"的时代大戏。1938年，《现世报》周刊曾总结道："广式月饼花色新颖，特别注重式样和装潢，更努力的宣传，因之引起了人们的注意。而苏式月饼，在制造上墨守成法，装饰落后，更不注意宣传，所以，在其市场上的地位，将被广式月饼占优势了。"这正是前文提及的，广式月饼勃兴而苏式月饼衰微的一项直接诱因。可叹的是，在市场导向诱使作用下，百年前沪上的不少苏式月饼也跟风搞起了"面子工程"。1928年《常识》杂志报道称："从前的月饼盒子，真是不考究得很。近三、四年来，大家竟在盒子外面的装潢上，考究起来了。"看来月饼盒过度包装的流弊，最终还是要靠摆正消费者心态，方能得到圆满解决。

月饼的风韵

第十九章
芋艿毛豆：两味老上海"中秋菜"的百年旧忆

对上海人，还有许多其他长三角地区民众而言，中秋节几乎可以和芋艿、毛豆这两种蔬菜画上等号。1912年，《申报》上的民俗小品文《中秋节》，记录了一家之主遣人采购过节用品的对话。清单里除了祭祀用的水果外，真正"给人享用"的是"一枝塘藕、四盒月饼、一斤光芋艿、一斤毛芋艿、二斤毛豆子"，可见在老上海心目中，芋艿、毛豆是和月饼、莲藕同等分量的"中秋菜"。甚而在上海的生活记忆里，还留下了中秋节叫卖芋艿、毛豆的独特城市"声景"。1991年，民间音乐研究者在上海县（今闵行区部分区域）采集到了老年菜贩张荣祥演示的叫卖小曲："八月中秋要买芋艿、毛豆，吃仔包侬长寿，阿要吃芋艿毛豆？卖芋艿毛豆！"

毛绒球芋甘赛奶

芋艿，口感粉糯，回味清甘，是一种老少咸宜的大众蔬菜。为何在历史上，芋艿会与中秋发生联系？一个原因是收获期恰逢其时。1944 年，《上海特别市中央市场月报》介绍："芋之收获，最盛以中秋以后，随时均可采收"。也就是说，中秋节是尝鲜芋艿的"开锅时"。

老上海的中秋食谱里，芋艿往往会以"糖芋艿"的甜品形式端上桌来。1939 年，一位小学生在《新申报》上讲述了自己的中秋食事："中秋节的早上，我的妈妈烧了许多糖芋头，我吃了两碗。上学后，听先生讲说，中秋节，我们的风俗习惯，早上要吃糖芋头"。

糖芋艿，其实是糖水打底的芋艿甜羹。1948 年，上海《家庭》杂志建议人们用"比较味香而耐煮"的红梗芋烹制糖芋艿，同时点明了增香的食用技巧："盛食时，先将芋艿捞置碗中，再取蜜渍桂花一小撮，置芋艿上。然后以大匙勺取汤汁浇之，则桂花香气洋溢"。

沪上老饕们对糖芋艿往往情有独钟，以至于不惜请人四处搜罗优质芋艿，以求得成品圆满。1945 年，《电报》某作者自白道："有一个朋友说是要到浦东去，八月半之前准赶回来。浦东出产的芋艿，大概可能比上海好，于是便钦封他为'采办芋艿特使'，他又特别道地，并应允带点桂花。这朋友去后，我便在家里等候吃桂花糖芋艿了。"

沪上的芋艿美食文化，颇受无锡食俗带动。糖芋艿可以说是无锡街巷里最能代表秋日的一道小吃。1944 年，《无锡日报》的一篇散文写道："糖……烧……芋头！从前在家乡的时候，初秋午后的深巷里，总会响起那一串熟悉的叫卖声，嘹亮而清脆，很可以醒人午睡"。

　　风味"根据地"总暗藏着一些难以为其他地方复刻的饮食体验。1947年,《导报》的一位作者称他觉得无锡糖芋艿是无以复加的极品:"秋凉的甜食中,糖芋艿我最欢喜。最近我们到无锡来,曾到崇安寺去吃小吃,鸡鸭血汤、豆腐花与糖芋艿等都尝过。因为我嗜甜食,对于糖芋艿尤认为无上隽品,色、香、味三者都美。芋艿的质本好,然以烧法与用料之佳,乃胜上海'西泰和'的十倍。那边的糖芋艿不用匙而用竹签,很富原始味。"

　　当然,若要给长三角各地所产芋艿的知名度列个排行榜,宁波奉化会毫无悬念地摘取头魁。1949年,《宁波人报》概述了当时奉化芋艿的产销形势:"舒家、斗门头周家、东门、泗下张、长汀、倪家碶、大桥是水芋的主要产地。那里地势低洼,土壤最适宜于种植水芋艿。所以进化乡、大桥的水芋艿不但产量多,而且味道也比别处来得好吃。个头很大,有大到像金鱼大碗一样的,分量有三斤多,最小的也有一斤多。"当地所产芋艿"因为个头大得惊人,味道粉糯美好,"很受周边地区欢迎,销路很广,有装运到杭州等地可卖高价。若遇到海运畅通,有些商人还会包装运沪供售。

　　芋艿好吃,但刺毛恼人。不过这对于经验丰富的先民而言,绝不是什么大麻烦。1948年,上海《家庭》杂志给出的建议是把芋艿"曝干后放入面粉袋中,就地上掼击。使芋与芋相互摩擦,皮层自然脱落",如此便免去了"褪毛之苦"。文章也点拨那些被生芋艿弄得奇痒无比者:"生芋艿汁,着肤常作奇痒,倘就炭火上微熏,即可立愈"。

　　当然,对长三角地区的百姓而言,有关芋艿的想象力从不局限于糖芋艿一者。1929年，《上海常识》三日刊记载了民间食芋艿“土法”：把晒干并煺毛洗净的芋艿“加一些清水，和入食盐，或用臭卤，则滋味更好。烧时不可过意烧焦，宜以汤水露露为佳”。1947年，《东南日报》文章则谈到了另一类吃法：“购新鲜紫芋数十枚，用薄瓦碎片，刮去其外皮，颗颗白净圆润，赛过新剥‘鸡头米’。煎以文火，佐以红辣椒。芋熟如一包粉，其味甚清，若能加上乌贼丝数十茎，其味更美。”

一如前文所提，中秋是上海人享用芋艿“狂欢”的揭幕。1942年，《申报》杂谈评论称“自从中秋节吃过了毛芋艿、煠毛豆荚后，这毛芋艿倒也像‘时代的宠儿’，一橛至今在市上活跃着”。这句话透露出的另一个细节是，与芋艿相对，中秋过后毛豆便要渐行落令，老饕们自然要好好大啖一番，与之郑重作别。

碧绿毛豆鲜掉眉

毛豆可以说是百年前上海普通民众夏秋季的重要“家常菜”。1934年，上海市政府社会局编纂的《上海市工人生活程度》显示，305户抽样家庭平均每年要消费19.07斤毛豆，在各蔬菜种类里排到第五位，仅次于青菜、咸雪菜、萝卜、黄芽菜。不仅是工人群体，其他上海市民也对毛豆怀有一腔执念。1947年，《大公报》文章分析道：“在买得到鲜毛豆和冬瓜的时季，穷富人等都欢迎毛豆，也爱吃冬瓜”。

1910 年《图画日报》上的卖芋头

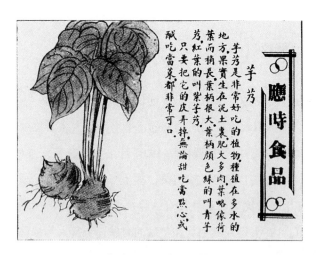

1941 年《儿童乐园》上的芋艿漫画

上海人对毛豆的热爱，直接导致城郊毛豆种植业蓬勃高涨。1959 年，上海浦东县农业局编印的《春季蔬菜栽培技术》指出"毛豆是上海郊区春季播种面积最大的蔬菜"。毛豆与上海市民菜篮子的密切关系，由此可见一斑。

毛豆口感贵在"鲜""嫩"二字，因而其收获需要格外谨慎、高效。1959 年，上海农学家曹颂琰在《毛豆》一书里，讲授了毛豆采收的注意点："一般应在子粒丰大饱满、豆荚鲜绿色时为最适宜。过早则瘪子多，过晚则豆荚发黄、子粒坚硬，品质差而吃口坏。采青荚时间，应根据播种时间，划片分期一次收完。特别在高温干燥时，应在早晚采荚，在日中正午时易干株、干荚，影响子粒品质。同时对已拔下的植株和已采收下来的豆荚，都应放在隐蔽较清凉处，以免太阳暴晒失水。"可见毛豆虽好吃，种起来确是很费心费力的。

百年前长三角民众怎么吃毛豆？翻阅近代报刊，盐水毛豆、毛豆烧豆腐、毛豆烧面筋、毛豆鸭四件、毛豆炒虾仁、青椒毛豆炒鸭丝都是出现频率较高的经典菜肴。

当然，在百姓平日餐桌上，简单烹制的毛豆方才是经典"下饭菜"。

1933 年，上海世界书局编辑发行的《食谱大全》推荐了"煮木耳毛豆"。其做法是"拿油入锅先行烧沸，便拿木耳、毛豆入锅间炒透之。拿酱油、清水入锅烧煮，二透之后加入白糖味和。之后即下芡粉，用铲搅拌，见它汤汁渐凝，稠腻适度，便可起锅，洒些麻油以引香味"。1941 年，上海《立言画刊》也刊发了一道"毛豆子汤"食谱："择青白饱满毛豆半斤剥去外皮，腌雪里蕻一把，或扁尖香笋各少许。先将扁尖用热水放好，撕丝切断，香笋去脚。或用嫩笋一只，切成薄片，或榨菜二两，切成细丝。将应用材料与毛豆子放锅内烧二透，即就食时加麻油以引香。若置饭锅同时蒸饭，熟亦熟"。

不做菜时，长三角地区的老百姓们也能把毛豆变幻成别致小食。1947 年，《大公报》的琐谈便涉及了一种传统操作："江浙居民有时把毛豆煮熟，烘干熏成青豆，再用石灰隔布袋，使很干燥不让受潮，可久储不生霉，随时取食很便。"对于烘豆的具体做法，《亦报》刊载于 1950 年的一篇文章以湖州食俗为例："采下尚未老透的豆荚，剥出鲜绿如翠的豆粒，加盐煮熟，用炭盆烘干。肉身收坚，肉皮缩皱，颜色还是绿得鲜明可爱。颇耐嚼辨，香浮齿舌。下酒、过粥、闲吃都好。"作者还提到，那时的湖州百姓还会在待客茶水中加入"烘青豆"以丰富口感、增添滋味。

引人深思的是，在那个物质相对贫乏的年代，城里人的毛豆之好，往往建基于粮油作物大豆的"提前消耗"。因而在近现代报章文牍间，留有不少批评"卖青豆"的议论，矛头直指毛豆市场扰乱了大豆生产秩序。这个问题直到中华人民共和国成立初期仍旧存在。1955 年 8 月，《人民日报》曾刊出评论《吃青玉米和毛豆是浪费粮食的行为》。文章谈道："毛豆在有些城市是菜农种下当菜卖的，但有些就是把农田里未成熟的豆子拿来当新鲜食品出卖的。这也是一种很大的浪费。"好在随着我国粮食生产能力的持续提高，以及粮食市场的不断优化，百姓大可不必再因有碍"吃饱肚子"而愧于乐享毛豆了。

中秋菜百年忆旧

第二十章
满庭香来舌尖甜：百年前国人的桂花美味

桂花有多吸引中国人？1935年，《时事新报》描绘了老上海抢购桂花的风雅奇景："浦东人，徐家汇人，龙华人，家里有桂花树的，开放之后，便拗下来挑到上海卖。上海人看见了桂花，是多么欢喜。几个铜板一小枝，两角小洋一大枝，大家争先恐后地去买。"

桂花对中国人而言，不独是赏心悦目的风景，更是沁入心脾的佳味。桂花的美味闻着香，吃着更香。

历史上，苏州光福镇素以出产鲜果与桂花闻名长三角。1935年，一位曾深入光福镇体验桂花季的主笔在《苏州明报》上撰文，演绎了桂花季的绝美景象："轮船一到埠头，那浓烈的香气，早已拂拂袭人鼻管。走到乡间，正是漫山遍野，一片金黄。"是时，光福镇鲜果产业发达，不少采摘女工聚居于此。当桂花季来临，光福女工便会摩肩接踵，上山采摘桂花。作者对此生动地记述道："苏地糖果及糕团业商人，在秋季都到乡间去收买桂花。采摘桂花的手法，须要将花儿连着细细的花柄，一同摘下。否则桂花的香味，就不能持久，价钱也卖不起了。这种采桂花的工作，妇女们当然也参与其间。每天的工价，大约五百余文。"

桂花采收工作对时间把控、摘取精细度有很高要求。1929 年，《南京晚报》的一位新闻主笔分析了食用桂花的采收时间点，并由此展开细论了市面出售食用桂花的缺点："吃用的桂花还没有开大的时候就需摘下。等到十足开大，一打摇就自下来，香气散失就无用了。所以从市上买来的'桂花米'，是不好的。因为卖'桂花米'的人总是贪花开得大，量可以多点，又不肯费力从树上细细地去采摘。"

采撷来的桂花，可谓是"百搭"的美食伴侣。1937 年，《铁报》向读者推荐了几种新年美食。出人意料的是，这几款精心挑选的点心谱，竟然不约而同地用到了桂花原料。新年里象征甜蜜团圆的桂花元宵自不必多说。就连黄豆主料的"状元豆"，还有各色水果煮出的"果茶"都需要桂花糖加持。尤其是"果茶"，作者特别建议"加白糖，若加桂花更妙"。

桂花做糖，尝起来口舌甜蜜，香气扑鼻，是桂花最基本的食用方法。1934 年，《家庭周刊》介绍了制作桂花糖的工艺："铺一白布于桌上，倾花朵于上，以针逐粒检之，挑去其蒂及杂物，然后浸于浓盐水中。历二十余时之久，将桂花沥出阴干，用糖拌之。糖须较桂花为多，拌匀后，再入锅中文火煮之。俟糖溶解后，即须息火。"讲究的桂花糖，对于桂花质量是极为挑剔的。1937 年《新闻报》的一篇琐谈就提醒读者："花之有焦点及白斑者，即花之开放既足者，亦在摈弃之列"。

谈到桂花糖，杭州是个不可不提的"宝地"。百年前，位于西湖以南的满觉陇以桂花树引来远近无数糖果糕团客商，当地百姓因

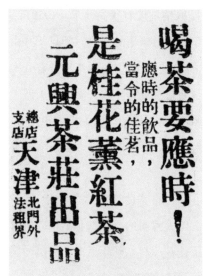

1932年《益世报》上的桂花薰红茶广告　　1944年《申报》上的桂花糖年糕广告

此收获了不菲的季节性收入。在杭州等地，精致的桂花糖也是婚庆用糖，别号"女儿糖"，寄托着对新人的甜蜜祝福。桂花"女儿糖"一般由娘家人在女儿出阁前一年的桂花季熬制，冷却后切分成小块包装储藏。待婚礼当天，丈母娘会取出散发着浓郁香气的"女儿糖"，赠给登门娶亲的女婿。婚宴宾客多会馋这口桂花糖，1937年《新闻报》谑称"闹新房者盖非此不足以解围也"。

桂花糖做成的点心，品类丰富，款款宜人。如前文提到的元宵，就把桂花糖当作它不二的好伴侣。1947年元宵节前夕，《新时报》谈论了桂花对糯米圆子的"点睛"作用："南方的元宵，没有馅儿。可是在元宵煮熟之后，连汤一起盛在碗里，撒上些桂花糖。吃到嘴里，另有一种美味"。桂花糖还可以用来加工芋类甜品。1938年，五年级小学生陈泾泉发表于《新申报》的一篇作文介绍了桂花糖的作料用法："人们到八月中秋节要烧糖芋头，加入花桂，浓甜而香，味更佳。"当然，桂花糖也是优质年糕的绝配。1936年《东南日报》推介上虞梁弄（今属宁波余姚）年糕时，就力荐读者试着用桂花糖来炒制"滑、韧、嫩"的高品质年糕。1933年《时事新报》对江浙地区年糕工艺的梳理还发现，苏州、杭州等地选用桂花糖加工年糕，其实抱有增香与保鲜的双重期许："其味香而且糯，且可历久不起微点"。

近现代美食家们也热衷于烹制桂花糖馒头和桂花糖藕。制作桂花糖藕的步骤很多，但这最后一程才是其名称的由来："放入煮藕的汤汁半小碗，加入白糖半小碗。置炉火上煮沸后，立即投入蜜渍桂花半盏，随手把锅中甜汁浇于藕片之上"。由此看来，桂花糖馒头和桂花糖藕里的桂花糖都不过是一抹点缀。不曾想它竟然"反客为主",成为了点心名。这或许还是因为离了桂花糖,两款点心就黯然失色了吧!

同样起于"防腐",成于惊艳的桂花系美食,还有酷似茉莉花茶的桂花茶。1932年11月,《新闻报》盛赞了浙江萧山的桂花茶,并详细描述了当地窨制桂花茶的全流程:"每年八九月间,桂花盛开时,把花朵摘下来,拣择清洁。先把山里买来的茶叶,烘焙一次,焙好之后,将桂花拌入于内。俟其茶叶冷后,乃装于瓶中,封固严密"。

桂花栗子是桂花系列美食里另一芳名颇嘉者。1929年,上海《小日报》直言"大概想起'桂花'二字,便得联想到栗子"。桂花栗子有两类,一是天然的,因桂花树和栗子树间种而形成,另一种则是炒制栗子时添入桂花糖人工增香。

天然的桂栗比较珍稀,值得仔细说说。近现代历史上,天然桂花栗子的最著名产地当属无锡惠山——"娘娘堂前"是优质桂栗的"金字招牌"。1937年1月,美食家吴侬刊发在《铁报》的《惠麓桂花栗子》一文,科普了桂栗可口与否的两方面判断标准。首先是栗子是否够嫩,一流的"娘娘堂前"桂栗就要选用"大仅逾豆,确最稚嫩"的原材。第二自然就是桂花的馥郁气息要足。因为桂栗较之其他栗子,最突出的优势便是"间有桂花香味",入口后会感到"清香甜美,齿颊留芬"。当然在过去,普通吃客是很难有机会尝到正宗惠山桂栗的。毕竟恰如1935年《铁报》的感叹,这种栗子"尤为名贵,产量不多"。也正因稀有,惠山桂栗不同于普通板栗是熟制后出售，市面上能见到的都是毛栗。对此，1948 年《益世报》的一篇散文形象地说明"只有生的毛栗出售，却没有熟栗可买。原因是产量太稀少，不能整锅地烧煮，经常地出售"。以前，杭州满觉陇也是桂花林夹种栗树，《东南日报》记者形容秋日场景是"桂放栗熟，其味乃更深一层"。但是相较无锡惠山，杭州的桂栗恐怕还是在名气上欠了些火候。

其实先前已经谈到，桂花美食在近现代中国是一门繁荣的产业。上海冠生园出品的桂花梅脯，山西酿造的桂花汾酒，南京小贩沿街叫卖的桂花赤豆粥，还有"新长发"商号在常州"特聘名师研制"的大钵桂花酒酿，无论规模大小、品类为何都依仗桂花加持。江南地区的"桂花系"佳味，简直不胜枚举。

农家的桂花多种在院内墙边，因而桂花亦是家的一座航标。金秋最是乡恋时，一口桂花美食总能勾起游子的绵绵怀念。1932 年金秋，聂世琦的散文《桂花时节》借桂花茶与桂花糕表达了对亡母的由衷思念："每当将落的时候，她总叫人折下很多，和些在茶叶里外。又和白糖拌成糕的馅。每年在校里，总由母亲托人，带来很多。故乡是母亲死后就没回去了，后园不知荒芜得怎样了，那清香的桂花茶和桂花糕，也有六年没有的吃了。"

桂香飘远了，咀嚼着桂花美食的人，心却近了。

国人的桂花美味

第二十一章
秋风起兮品金黄：毛蟹的美味蜕变

1933 年，某作家在《潮流》杂志上食指大动地谈道："秋风一起，酒肴又增一味，即蟹也。"万物丰收的秋日里，肉肥膏黄的毛蟹很容易脱颖而出，以阵阵醇香和满口鲜甜，激得食客肚里馋虫大作。一如今日的我们，近代前人也无力抵挡毛蟹的诱惑。他们或在花前月下持螯赏菊，或于街头路边大嗍蟹钳，共同书写了城里乡间共有的毛蟹"鲜"事。

有河湖处皆得蟹滋味

毛蟹，学名中华绒螯蟹，是我国淡水蟹中产量最大的一种。毛蟹在我国分布广泛，许多地区的河湖、沟塘、稻田里都能得见其踪。可以说，但凡有河湖处皆得蟹滋味。

长三角水乡是毛蟹的主产区之一。大名鼎鼎的阳澄湖且留到后文单论，先来看看百年前其他长三角水域的毛蟹出产情形。

1929 年，《国闻周报》品评称"产蟹之区，在苏则推洋（阳）

澄，在绍则推鉴湖，此夫人而知之者"。相似的提法，也见于近代
报刊对西湖、湘湖产蟹的赞美。可见虽然彼此之间难分伯仲，浙东
湖泊所产毛蟹之优，却是不争的事实。

苏南更是远近闻名的毛蟹"原产地"。1935 年，《大地》月刊
所载杂文写道："记得从前服务丹徒铁路税局时，该处地濒长江，
产蟹很多，价亦很廉，计每斤大约一角左右。上海所卖之洋（阳）
澄湖大闸蟹，类多此种长江蟹。那里很可口的蟹粉馒头、饺子，每
只只卖三个铜子，比上海'北万馨'、'五芳斋'的好得多。大约
也是因为产蟹，蟹价便宜的缘故吧！"蟹多而廉，着实令老饕怦然
心动。

当然，对商业化程度较高的近代苏南蟹市而言，高品质蟹更多
还需供应外销市场。1946 年，《苏州明报》介绍称"无锡、吴江蟹
都用轮船装到上海，供上海人大嚼，大蟹、老蟹搜刮殆尽。使鱼米
之乡的产蟹地方，反而吃不着大蟹了。最容易证明的，便是上海的
蟹，平均要比苏州大"。而苏州的路边摊则消耗了高、中端市场乏
人问津的差蟹："马路旁边专销死蟹的白煮蟹摊子，不但煮熟，而
且姜醋、酱油，一应俱全。因为价格便宜，车夫们趋之若鹜"。看
来那时吃蟹即便没有阶级限制，也着实逃不开阶层分化。

除却在天然水域捕捞，近现代江南渔民也将毛蟹养殖做得风生
水起。

稻田养蟹是充分利用蟹类食性的一种共作模式。1936 年，《大
公报》记述了宁波余姚的稻田大闸蟹"放养"模式："梁虹桥董家
义闸，农民除布种收谷外，闸内河蟹，出产亦丰。由各农家负责管

理闸门，并报就近公安机关保护，以免宵小偷捕，并妨碍晚禾灌溉。"待公历 11 月中旬晚稻收割入仓后，农民便会开闸放水，捕捉稻田内的河蟹。据该新闻记载，当年余姚董家义闸附近的稻田，出产了 3 万余只河蟹。

一些地方性养蟹技术也发挥了独特的优势。1935 年，《新闻报本埠附刊》记录了无锡养蟹育肥的"填鸭"操作："用大竹筒为笼，一端留节，余均沟通。外凿小孔若干，以利水流。若长约半丈外，直径四五寸之竹筒，可养蟹二三十只。仅饯以稻根泥，别无他物。泥与蟹同时纳诸筒内，封其一端。置之活水浜中，听其自然可也。如此则蟹不劳而食，生长极速，坚硬肥美。"

蟹在江南是美食，在北方亦是一道美味。把视线转向华北，近代京津居民的中秋餐桌上，也有一款"本地蟹"——胜芳蟹格外惹人垂涎。1941 年《新天津画报》赞扬道："天津之蟹，以胜芳为最著，犹上海市上之洋（阳）澄湖蟹也。"1935 年，《大公报》新闻进一步解释了"天津螃蟹出产，以小站、胜芳一带较多"的原因："该处盛产稻米，蟹喜食稻，故肥硕较他处者为佳"。

胜芳地方不大，却是近现代华北远近闻名的"鱼米之乡"。1947 年，《新闻导报》讲述了这座小城的风土物产："胜芳是文安县属一大镇，四面环水，交通发达，人口四万余，物产以大米、苇席、蟹、藕粉为大宗。"胜芳蟹等华北"土产"毛蟹，给饮食偏重"陆地"的北方口味带来了新鲜刺激。于是乎在秋日的京津餐桌上，毛蟹颇受欢迎。1934 年，《人言周刊》就此概述道："北平的螃蟹大部来自天津附近，虽然没有长江流域的湖蟹大而味美，但也相差

蟹之生於淡水者曰河蟹。披有甲殼生時殼呈青色。煮熟後則變為紅色有螯一對。為捕食及禦敵之用。味甚鮮美。九十月間最肥。人常取以為下酒物。

1915 年《儿童教育画》上的河蟹图画

1933 年《时报》上的洋（阳）澄湖大闸蟹广告

1934 年《儿童画报》上的捉蟹图

不多。在七月中旬以后，北平的街头巷隅，都可以看到食余的红甲残壳，可见北平人的嗜蟹之深。"

对近现代食客而言，有时候大啖毛蟹不只是去尝个味道。戏说起来，还算在"保卫粮食"。泛滥成灾的毛蟹，可是过去水稻田的一大"天敌"。据《水产月刊》新闻，1935年秋收时节，舟山群岛的六横岛"毛蟹成群横行，稻梗被蟹螯钳断。颗粒无收，酿成千古奇灾"。翌年，《农林新报》称宁波奉化"沿江一带，又有稻蟹横行，噬食禾茎。一经被害，无不枯萎，虽有农夫、牧童星夜捕捉，每日不下数百余斤，仍然不能稍刹其凶势。一般农民，莫不叫苦连天"。

问题是怎么才能抓到张牙舞爪的毛蟹呢？与其正面相对，不如"守株待兔"。百年前的捕蟹是一束束灯影下的深夜苦等。1923年《儿童周报》描绘称："在迎潮桥的左面，有一个用芦草编成的箅。箅的两边岸上，有二个草棚，是预备在这里过夜的。农夫和他儿子，每夜要到草棚的左右守候着"。

美而难求的阳澄湖蟹

毗邻苏州城的阳澄湖，完全称得上近世以来中国蟹业的"圣殿"。近代阳澄湖蟹产业究竟有多庞大？且看1936年《上海市水产经济月刊》给出的数据：阳澄湖"湖中有专捕湖蟹之二百余艘渔船"，如此规模，实在是蔚然壮观。

1928年编纂的《苏州风俗》形象阐述了阳澄湖蟹的优质秘诀

与出品特色："水味甚甘，故所产之蟹，不如沙湖、吴淞江等处所产者之肉味带咸。湖蟹上市，大抵九、十月间，则膏油丰满"。对于如何甄别阳澄湖蟹，《苏州风俗》也列出了一干技巧："此湖之蟹，足上生金色毛，背壳作青灰色。欲验其真假，取此湖之蟹，与他湖之蟹同置金漆盘中。他湖之蟹，以盘滑而不得行，此湖之蟹，则以其足毛甚长，故仍横行自如"。

上文之所以要提鉴别法，关键还是冒充者过多。1935 年，《时事新报》直言："上海的蟹贩，都以别处的蟹冒充洋（阳）澄湖，所以我们在市上所见者，竟可以说没有一只蟹不是洋澄湖的。所谓鱼目混珠，买蟹的人非是老饕，定必莫名其妙。"

物以稀为贵，过去的人们要想一睹真正阳澄湖蟹，大概率还是要"躬行下田"——到原产地走一遭。1942 年《杂志》刊载的报告文学《洋澄大蟹》坦言："要吃真的洋（阳）澄湖蟹，只有在昆山、苏州两地可以吃到，这是两地距离洋澄湖最近的缘故。凡是运往青浦、嘉定、太仓、松江、上海、浦东一带的洋澄湖蟹，都以昆山为集散地。凡是运往嘉兴、杭州、湖州、无锡、常州、宜兴、镇江、扬州、南京一带的，都以苏州为集散地。'近水楼台先得月'，距离愈远，经过几个'转手'，不用说中途都被'调包'的啦！"

正因此，当年沪上新潮人士还曾搞出一套"追鲜"的昆山"寻蟹旅行"。1935 年，《上海青年》刊载了一则通启，所谈便是此事："吾人居住申江，所食多为外江蟹，远不如该地所产者之鲜美。如欲食真正之洋（阳）澄湖大蟹者，非亲至昆山不可。故本会联谊社遂有昆山旅行之发起，定期本月廿七日早车出发，当晚返沪。此行既得持螯赏菊，并可游览昆地名胜，诚一举而两得。"

到了阳澄湖畔，除了细品蟹鲜，也大可进一步尝尝花样百出的毛蟹美味"延伸品"。1942 年，报告文学《洋澄大蟹》描绘道："为了昆山是产蟹的地方，到昆山菜馆中去点菜，千万不要忘记了'蟹羹'。因为上海的'蟹羹'，大都是假的多，是一些鱼肉与咸蛋黄冒充的。其次，昆山的蟹肉包子，是和南翔馒头同样驰名远近。一层极薄的皮，里面包的都是蟹肉、蟹黄、蟹油，只要幻想幻想，已足够垂涎三尺了！"

有趣的是，杭州西湖也曾有与阳澄湖相仿的"蟹史"。1932 年，《怎样的游西湖》述说了其间趣事："西湖多淤沙，里湖间有葑田。故产蟹，士人呼为湖蟹，色青而肥，形较阳澄湖产者略小。"这类西湖毛蟹的各种吃法"均为湖上食谱中无上之美品。惟秋季有之，且所产不敷所需，菜馆中每每以外河之蟹诳称为湖蟹，以欺顾客"。

看来无论什么土产，一旦挂上了"名产地"的招幌，总归难逃"效颦"之烦。

挑选的诀窍与讲究

鲜香可贵，好蟹难求。买蟹是门细致活、技术活。

虽然近代都会市面上的毛蟹大多已被"五花大绑"，但在某些时候，主厨还是要有胆量、技巧面对张牙舞爪的"怪兽"。1934年，《上海报》介绍了本地人挑蟹时应对毛蟹袭击的"灵验"土法：

"苟不慎为蟹钳所钳，只须将手指连蟹，浸入清水之盆中，则蟹悠然释手游去"。

有此诀窍，买主便可安心挑蟹了。买毛蟹除了要避开死蟹，最根本的目标还是"拣肥"，挑选肉实膏满的好蟹。1946年，《南京晚报》所刊《买蟹须知》提醒读者"到菜场买蟹，先用手捏一捏蟹脚，坚硬者已老黄满，否则尚嫩"。这是一个简便实用的好方法，令蟹之肥瘦直接显露。

对特定"蟹种"，过去的人们也有善加鉴别的慧眼。1935年，《时事新报》称上海青浦"七汇地方所产的蟹，非常的硕大。而且还有一种奇特的标志——因为别处的蟹脐上的斑纹，每作'工'字形，而七汇蟹是作'未'字形的。所以要辨是否真七汇蟹，只要一看脐上斑纹便会明白的。"

当然，蟹贩的精明总会让稍有大意的消费者悔叹不已。对时人来说，要买到好蟹，少不了多留几分心眼。

首先是水产零售业内极为常见的"偷秤"乱象。1928年《上海常识》披露："一过了中秋节，各马路上都有蟹摊了。大马路上日昇楼一带更多。购蟹时最好自己带秤去，因为他们的秤很小，一定要吃不小的亏咧！"

其次是"死蟹复活"——要知道吃死蟹很有可能导致食物中毒，这可是个"大坑"。1930年，上海《大常识》三日刊揭开了黑心蟹贩的"遮羞布"："购者市得蟹而归，不一时而皆僵者，何也？因若辈先拣将死之蟹剔出，复以盐汤浇之，乃置之筐中，压紧使不稍动，携往街头巷尾叫卖。不啻为蟹打'吗啡针'，藉以苟延残喘。

故购时宜注意之，须拣壳青黑坚硬而有力者为佳。有黄点与灰白色者，即将毙之蟹。"

还有"变戏法"的。1934 年，上海南市一位深谙内幕的老买主告知《时事新报》新闻撰稿人："蟹必须由自己选好，交给蟹贩。如由蟹贩帮忙来选，一个不小心，会将'呆蟹'选进去的。这一点的确是应该注意到的。不过，由自己选定以后，还得预备调包。往往在选定了之后，因为价钱上的争执，蟹贩故意让约走去。然后，叫你回来，依你价钱卖了给你。在这一来一回的当儿，蟹贩早已把你选好的蟹调了包。不是装上了几只呆的，便是换了小一号的。"

肥腴鲜甜的优质毛蟹，"得来很是费工夫"啊！

全身是宝饱口福

百年前，普通人家吃蟹自然用不到什么雅致的"蟹八件"，蟹脚尖就是抠蟹腿、刮蟹黄的现成工具。但餐具的简陋绝不意味着平民的"蟹味"单调枯燥。饮食的精彩，终归还是在食物本身，才能体现得最淋漓尽致。

毛蟹最经典也最原汁原味的吃法，是蒸熟直接享用。1936 年，《机联会刊》记录了"大闸蟹"命名由来的一种有趣解读："在苏州挑着担子向街头巷尾喊着卖的，还要加'大闸'二字在'蟹'字上面。意思是说，这蟹是够'闸'着吃了，是对于小只蟹只能用'油酱'而言的。'闸'的方法，是把蟹在沸水里烧透熟"，可见好蟹还是要吃原味才妙。

懂行的吃蟹人多会给蟹拌上姜片、黄酒同享。百年前有聪明者将"驱寒"步骤前移，做出了别具一格的蒸蟹。1929 年，《东省经济月刊》记载了其做法："以醋和姜汁共一杯，和以等量之水，调成半稀薄液。既毕，乃将洗净之蟹，一枚扎一细线。持线之一端，将蟹投入沸水中，即曳出之，浸入调味液中。约半分钟，更投入沸水中，仍即曳出之，浸入调味液。如是者六、七来复，蟹已渐熟。更一二回，已可剖食。蟹体内已有姜醋，腥味尽除。"

1941 年，上海《现代家庭》杂志胪列了煮大闸蟹的注意事项："煮蟹之前应该把蟹用麻绳扎住，捆成一个五花大绑。煮的时候不要把蟹浸在水中，应该用一蒸架，或是用篾竹的黄篮头架起来，把蟹放在上面蒸热。如此煮法，就不致因蟹浸着水而失去鲜味"，看来沪上老饕们为了最大限度呈现毛蟹的滋味，下了不少功夫，费了不少心思呢！

前面提到的"不入流"小蟹，也有其美味归宿。1933 年，《益世报》称体格不堪清蒸的小蟹也能变身佳肴："拣小些的蟹，切开了，和着面粉、青菜煮食，苏州叫'油酱蟹'，是味很鲜美的饭菜。"1947 年，上海《民治周刊》则给出了另外两类建议："至于油炸小螃蟹，佐餐或下酒，香脆美味。此外，还有醉蟹。"

一些地域性色彩很重的做法也能让人味蕾一惊。1930 年，汪步青在《大常识》三日刊介绍了江淮之间的地方吃法——"煨蟹"："以极细之木屑，浸于浓厚之酒醋混合液中，约历三、四小时，使木屑浸透。更以姜切成细末，和以胡椒等，拌入木屑中，使之匀和。乃以洗净之蟹，缚其肢腿，使之不能行动。将所备之木屑涂之，约一分厚，外更涂以粘泥一薄层。即毕，乃入火炙之，以外敷之粘泥龟裂为度。去泥，更将炙干之木屑刷去之，遂成。"享用"煨蟹"需乘热，只需略蘸点酱油调味，便可绽放满嘴鲜香。

取蟹最精华的风味部分——蟹黄，佐以蟹肉，更可造出一道道"蟹粉"大观。

1933 年，《食品界》杂志谈论了上海人对蟹粉的无尽想象力："蟹糊，便是上海人说的炒蟹粉。剥蟹肉制羹，普通店家多掺用黄鱼、鸡蛋黄，也吃不大出。最好是不掺他物，纯用蟹肉、蟹黄油炒。或用虾仁、腰片同炒都好。必用脂油，但不宜太浮太腻。和大青菜同炒，佳味也，可以免浮腻之弊。"而上海滩各家面馆也纷纷呈现蟹粉主题的精品："苏式或广式大面拌以蟹糊，面中最够味的，要推这一种了"。

面食总是与蟹粉那么般配相宜。1932 年版《上海风土杂记》，将蟹粉馒头和蟹粉汤团目之为"秋天尤佳"的特色小吃。1936 年，《现象》月刊盛赞了常州武进的"蟹粉馒头"，并分析了"蟹粉馒头"的风味长板："有人说：'这样吃法，我不会爽兴吃蟹？'这是不对的。蟹肉单吃，是没有多大滋味，如果包在皮子里，便从蟹油而逼出蟹汤。诸位，请问你大闸蟹吃过了，你有没有吃过蟹汤？要吃蟹汤，就得从蟹肉馒头里去找。"

就这样，一只蟹的生命结束在锅里，它的滋味，升华在了江南的精致味觉里。

秋风起兮品蟹味

第二十二章
重阳糕：九月九日的一段乡恋

秋风乍起，佳节又重阳。提起重阳节，熟谙古代诗词者，自然会首先联想起"遍插茱萸""登高看远""饮菊花酒"等传统民俗。然而，在中国人的节日文化里，重阳可戴、可攀、可醉，更可惊艳味蕾。一块香气扑鼻的重阳糕，就让这个金秋佳节，平添了几分诱人滋味。

重阳糕与重阳节的文化关联究竟有多紧密呢？1926年《大世界》杂志的一段评述留下最直观的评议："重阳之糕，为应时之食品，与端午之粽，中秋之饼均有名于当世。"换言之，重阳节没了重阳糕，就好比端午节缺了粽子，中秋节丢了月饼。

今日物质丰裕，一块重阳糕不甚稀奇。然而对近现代平民百姓来说，夹着猪油、白糖的重阳糕，绝对算得上一顶一的"打牙祭"。更何况制作精良的重阳糕会添加诸多坚果、果脯，说它是近代寻常人家难得的"奢侈品"也并不为过。重阳糕口感如何？1913年，《申报》发表的短文《重阳节物语》对重阳糕有一句浪漫形容："雪花玉叶，粉嫩香甜。"多数读者单看这话，想来都会垂涎三尺。

美味的重阳糕来之不易。1933年，美食研究者钱一燕详细调查了重阳糕的制作工艺，我们不妨借此一窥重阳糕的诞生。在江南糕点传统里，重阳糕的配料较为多元。标准原料有特制糕粉、黄白糖、脂油、芝麻、熏青豆、栗子、枣子、青梅丝、红绿糖丝、细盐、茭白丝。江南地区重阳糕的制作说复杂并不复杂，说简单又并不简单。首先是要用粗眼筛子筛出米粉，接着取一块干净的夏布（手工织布）浸到透湿铺入蒸笼内。随后是调粉环节，白糕选用白糖，黄糕掺入黄糖。调好的糕粉均匀铺进蒸笼，第一次先蒸 1/3。待熟后，抹上薄薄一层猪油、细粉、白糖（咸味则加细盐）熬成的油酥，即刻铺上另外 1/3 糕粉。将要成型时，在糕面上交切出网格纹。接下来便是画龙点睛的"加料"环节了，其余各配料可按需撒上。芝麻的投料要格外仔细，必须是黄糕用黑芝麻，白糕洒白芝麻，且芝麻层不能太厚，切忌盖过糕粉。

重阳糕的基本糕型其实就是松糕。但一如我们前文所述，重阳节让这块精致的松糕积聚并表现了不一般的文化底蕴。因而，吃重阳糕，首先享用的便是重阳民俗文化。1934 年重阳节前夕，高桥食品公司上海支店的一条广告颇显风趣："本届重阳节的过节问题，贵府如何解决？登高，可以到高桥食品公司，也算登高、吃糕。"重阳糕为何执着于一个"高"字？ 1936 年，见刊于《上海报》的一篇民俗小品解释道："'高'与'糕'音极似，古人九日作糕之意，殆以此欤"。据说不少地方的传统习俗，重阳节当日黎明时，家长要拿一块蒸糕贴在儿女前额，以祈祷子孙昌盛，前途大好。除此之外，部分近现代商家还曾借重阳节其他标志物推销重阳糕，仿佛只要买一块重阳糕，便体验了一个完整且丰富的"人文重阳"。1922年10月，上海北浙江路（今浙江北路）德兴糕团店就为招徕食客，在正门前用松柏树枝编出一座牌楼。门楼上用菊花装点出"庆祝重阳"四个大字，牌楼两旁还插上了两面五色重阳旗，万分应景。

其实，近现代重阳糕的江湖远不局限于百里水乡。在北方、华南诸多地区，重阳糕或其变体也都是节日必备。1923年，"芸子"在《益世报》上发表了《花糕考》，从民俗学角度深入考察了重阳糕的来龙去脉。文章交代了20世纪初北京市面上的重阳糕类型："其一，以糖面为之，中夹细果，两三层不同，乃花糕之美者也。其一，蒸饼之上星星然缀以枣实，乃花糕之次者也。"从中可知，老北京人传统的花糕品鉴以糕体内夹果仁为优选，以糕面撒果仁为一般。这大抵还是因为前者料更足，入口感觉相对饱满、吃口更佳吧！

老北京重阳糕的销路是否畅旺？且看1947年《经世日报》的消息："平市满汉饽饽铺及清真点心店，以重阳节将近，所制百叶花糕均已应时登场"。记者幽默地形容点心店的这般"追节日"操作是"月饼已随中秋去，此地新添重阳糕"。这也呼应了"芸子"1923年所言的"每届重阳，市肆预制以供用，逾期则弗售矣"。北方有些地方的重阳糕不用水蒸，而是用大锅油炸。1941年，来自张家口的一篇报道描绘了油炸重阳糕的热销场景："街市上卖糕的摊子，也比平日增加了数倍。黄澄澄的糕片，游泳在滚沸的油锅中，卖糕的真有些应接不暇了。阵阵的油香，随着秋风，送进每一个人的鼻孔。"

另据1940年欧阳冬芬的记述，广东地区有吃重阳糍的传统，

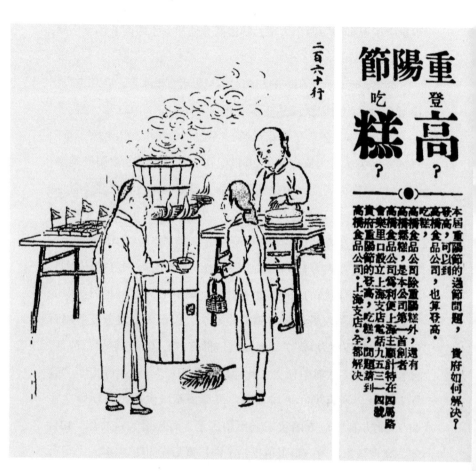

1909年《图画日报》上的卖重阳糕

1934年《新闻报》上的重阳糕广告

而且每年农历九月初一日起就会出现大批售卖重阳糍的摊位。欧阳满怀自豪地为家乡重阳糍打广告："重阳糍的制造是非常简单，可吃到嘴里实在好吃！糍的样子很好看，如果比起古城老北京里的'重阳花糕'，要美得多啦，好吃得多了！"不过在近现代粤地，流传最广的重阳节点心恐怕还要属"粉果"。1917年，广东少女韦爱莲刊发在《少年》杂志上的文章记述了重阳粉果的做法："先将叶和米磨碎成粉，名曰'叶粉'，味涩。以糖和之，搓成粉条，名曰'久利'。又制成如铜钱大的粉饼，名曰'金钱'。蒸熟之后先餂祖先，随后分送戚友"。

重阳节是名副其实的"中国老年节"。但或许正是重阳糕这样可口的小点心，让本与孩子们风格不甚契合的重阳节，平添了几分童真与活力。近代的不少民谣研究者都曾编纂过重阳糕主题儿歌，其中"慕古"采录于1923年的一首最显乐趣横生："弟弟吵，妹妹闹，嚷着要吃重阳糕。爸爸就去舂糯米，妈妈忙把粉磨好。大姊姊，去蒸糕，二姊姊，架柴烧，烧得汽水团团转，顶起糕儿向上飘。一飘飘到半天高，请了一淘黄伯老，肚皮吃得过分饱，飞不起来就跌倒，姊姊妹妹看得哈哈笑！"

值得一提的是，江南、北京等地区的传统重阳糕都要在糕面上插上彩色小旗，好似把两种重阳民俗"合二为一"。有趣的是，在部分地区，人们享用重阳糕时还会伴以擎旗登高活动，把重阳糕选入野餐食物篮。1946年，《民强报》的一位作者介绍了他童年所见之重阳风景："用红红绿绿的纸，粘成三角形的小旗子。重阳日，持旗，乘糕，三三五五登高山，临秋风，心胸为之开朗。"

敬老是中国人最深厚的根脉意识。重阳节，因其节庆文化中深刻的长者意涵，与亲人、故乡间自然而然地产生了难以抹去的情感交集。好比中秋的"月是故乡明"，重阳节时，也会有文人不禁感叹"糕是故园香"。1936年，"春梦"发表于《上海报》的杂文充满了对家乡重阳糕的深情怀念："居乡时每逢重九，家家蒸糕若干，厥味至美"。然而，自打他旅居上海城内，从街上买来的重阳糕似乎总不对胃口："价廉者味同嚼蜡，值贵者太嫌腻重。"要么料添得不到位，太过寡味；要么馅调得过了火候，破坏了重阳糕的整体口感，好不遗憾！

"独在异乡为异客，每逢佳节倍思亲。"农历九月九日，当你手捧一块重阳糕，心中对家园、故人的记挂与思念，会否稍稍得到慰藉呢？

重阳糕的恋乡情

江南烟火

第二十三章
烫手的甜蜜：江南秋冬生活里的板栗

秋季百果成熟，田头林间甜香丝缕不绝。但是最有"温度"的秋日甜蜜，还真非栗子莫属。板栗在我国种植广泛，从东北到海南均能见到它的身影。各地百姓也创造出了千奇百态的栗子食谱，常常令食客眼前一亮。浓香甜润的栗子装点了南北家庭的餐桌，解了童稚老叟嘴里的馋劲，化身为中国秋冬季民间饮食中的一抹极致浪漫。

从刺球中收获美味

千万不要被栗果那黄棕色的温柔感"蒙骗"，在成为锅中"板栗"之前，它可是名副其实的"刺球"——栗子的美味蜕变，要从山坡林间的辛苦采收讲起。

长三角各地的山区丘陵，素来是一个个栗子"故乡"。1985年，"国产与外贸"丛书编写组在《板栗》一书中指出，江苏板栗产地"主要分布在苏南的宁镇山区，和太湖、洞庭湖山区"，安徽则有"皖南山区和大别山区"两大板栗集中产地。

　　浙江板栗在近现代史上更是以类精、量丰而尤为著名。《板栗》作者称浙江"全省 70% 以上为丘陵山地，几乎各县都有板栗栽培"。这般盛产格局在近代已然形成。1933 年，上海《商业月报》援引统计调查所获，梳理了当时浙江各山区县产栗的情况："浙江所产最佳者谓之'桂花栗'，多产于杭州西湖一带山地，但产量不多。此外，该省诸暨、富阳、浦江、分水、桐庐、余杭、临安等处，亦有所产。以品质言，首推富阳；以数量言，首推诸暨。每年新货上市约九月间，当旧历白露节二星期之后。"

　　查阅留存下来的近现代农书，可知对当时的农民而言，栗子树的栽种与养护并非什么复杂任务。但是出人意料的是，栗子树从落种到结实将经历一个很漫长的等候期——1940 年，《合作与民众》半月刊解说："栗树于栽植后三、四年，即能结果，但收量较少，以后产量渐渐增加。"或许果农等候栗子的期待和炒锅旁翘首以盼热栗子出锅的食客，大有异曲同工之妙吧！

　　栗子何时可采摘？且看 1933 年许心芸所编《种栗法》的科普："栗依品种，成熟之早晚，凡自八月中旬至十一月上旬之间，可供采收。果实至成熟时，绿色之球往往变为黄褐色，果实变为赤褐色，至呈所谓固有之栗色，内容即随之充实。且此时，球之中央部往往作十字形或丁字形之开裂，故一见即可知其已告成熟。"

　　时机已到，采收栗子的队伍浩荡上山。关于怎样稳妥摘下熟度合宜的栗子，许心芸在《种栗法》中也讲授了若干实用方法："见毛球色变黄，稍稍开裂之际，视其熟度之如何，次第将球打落之。打落方法，通常以分二次或三次打落之最为相宜。因作一次打落，采收时往往混有青栗，致品质不克一律也。采收之际，宜取长约丈余之竹竿，上端数节缚以短切之树枝打落之。"

打下来的毛栗需要先由劳工穿厚底草鞋反复踩踏，随后借势去掉"针壳"。接下来，粗加工过后的栗子尚需人工细选分级。1941年，上海《吾友》杂志报道了鲜货店糖炒栗子香气背后，拣选栗子的辛苦劳作："一条宽大的长方形的大院子里，四面靠墙是用木条架起二尺多高的板凳。女工们就坐在那不到八寸宽的窄木凳上，低着头，两只手熟练地拣着栗子——在眼前的一个装满了栗子的大筐里，把栗子挑出来分成三种——肥大的是一种，小的和稍有微疵的是一种，坏的和最小的又是一种。各别地分放到三个不同的筐里去。大筐挑满了时，自有三、四个流动着做工的男工，把筐抬开，再把只空的抬过来。"

谁知袋中甜，"栗栗"皆辛苦？

白糖与黑砂的淬炼

一旦眼前冒出"栗子"二字，多数国人脑海里闪过的直觉念头一定是"糖炒栗子"。

不独今人钟情于糖炒栗子，在百年前的栗子江湖中，糖炒栗子也占据着不平凡的地位。1939年，《实报》一篇文章直言："在全中国，只有两处地方的炒栗子出名，一是上海，一是北京。"两地的炒栗子"实在是比武汉这些地方所卖的炒板栗要高明多了"。造

1926年《上海日报》
上的糖炒栗子摊

1935年《俱乐部》杂志上的栗子摊

成分化的最主要原因，是他处"不知道用糖来炒，所以炒出来的栗子色、味都不见佳"。

在近现代市民眼中，糖炒栗子堪称一类象征着"国货"的标志性零嘴。1932年，《新闻报·本埠附刊》某作者发论："跑遍一条繁华的南京路，找不出一家完全国货的商店。直到秋风吹袭到身上的时候，那才能在水果店的一角，或者弄堂口发现国产食品的发售处——可怜的，小小的，低低的一摊。啊！原来是糖炒栗子上市了！"

为何栗子要一反普通果脯"常态"，用"糖炒"而非"糖渍"？摊开一册1945年的《现代农民》杂志，我们不难觉察其中原委："栗子不容易做糖钱，因为糖分不容易进去。如想做糖果，可以用铜锅煮半锅开水，放上一、二斤糖，然后把栗子剥掉皮，切成小块，用慢火煮两小时，随时用筷子搅，可以得到较好的蜜糖果子。"

炒栗子对用具无甚苛求，不过是一锅、一瓮、一铲子而已。但是对锅内的砂，以及翻炒砂料的那双"手"，好栗子的挑剔从不放松。1947年，《苏州明报》点出了细节："普通砂是无光大粒黑砂，那就抵不上发亮的特产细砂。砂要放得不可再增之一粒，浅之一粒。这样卖相才好，不致有呆态'泥塑木雕'。炒匠妙手大炒之，火候也需恰到好处。熟手炒的栗子，如十月婴儿，呼之欲出。生手炒的栗子外枯中硬，简直如'难产'，非'动手术'不可。"

近现代江南，小小糖炒栗子可是城市里的一门"大生意"。

1946年《东南日报》记述了杭州城内的一幕秋冬景象："茶食店、鲜货庄，每当夕阳西下的时候，多半在门口开炒。时代些的，多利用电力了，但还是用锅炒的能引诱人。熊熊炉火，腾腾烟气，清脆的铁铲炒着栗子的声响，一阵阵的栗子香，布满街头。"

秋冬季的上海更是被糖炒栗子"淹没"的"汪洋大海"。1947年，《苏州明报》披露了一个惊人数据——当时"全上海附设水果店、烟纸店的栗子店不算，就是摊子，也有两千四百多摊"。栗子业之盛，甚而演生出了专营此事，单靠季节性卖栗子便能生存的群体。1923年版《上海游览指南》就谈到上海糖炒栗子摊"皆小本经纪，一冬生意足供一年之开支。"

与他处不同，老上海街头店角的糖炒栗子摊别有一番精致情调。譬如在1912年，《民权画报》就将"栗子摊之留声机"称为"上海之无奇不有"的一道奇景——曲声与栗香袅袅升腾，有哪个老饕能扛住如此多感官诱惑呢？上海栗子摊的细腻精致，也让当年许多新近移民过来的外乡人印象深刻。1946年，一位青年在《现代学生》旬刊上写道："在故乡，每逢中秋节后，看见'炒货店'的门口摆出了两只紫红色的小木桶，便知道糖炒栗子上市了……论价格，上海的糖炒栗子，并不比较故乡的昂贵。可是，摊头上的装潢，却比较讲究得多了。有红地金色的招牌，有雪亮的电灯照着，还有一架留声机在唱着戏曲，招引一般顾客。"

糖炒栗子也是当年普通市民约会谈情的"伴侣"。1947年，《苏州明报》刊登的散文就称，在上海"买半斤栗子，一对贤伉俪可以从八仙桥吃到静安寺。非但栗子会'甜嘴'，而且更会'甜心'，她不感到甜甜蜜蜜，那才怪。"烟火气十足的糖炒栗子，俨然成为城市青春活力、生活幸福感的一个来源、一位见证人。

假"良乡"的真趣味

近现代栗子摊质量参差不齐，以次充好者也屡见不鲜。1927年，《新闻报》批评"那些栗子摊上，没有一处不摆着一块牌，说是'包换烂栗'。可是打开一包栗子来，至少总有两三个烂的。像是这几日所买的，简直烂的要居其大半。然而从不见人拿了烂栗去换。如果真有人去换，那么非但换不着好栗子，一定还要奉敬一句'猪头三'。所以'包换烂栗'这一块牌，也着实有些不忠实，很可以将这个'换'字改作'有'字，说是'包有烂栗'"。

近代上海栗子界的"忽悠"远不止于此，让人啼笑皆非的闹剧，还在后面。

1932年，北京《三六九画报》在介绍天津炒栗子痛批道："在江南，炒栗子的招牌每标以'良乡栗子'，其实良乡栗子色、味虽好，不过产额小。所以南方所称'良乡栗子'，大半是影射。最可笑的，竟有写'天津良乡'。他们把'良乡栗子'的名字弄错了，以为良乡不是地名，而是栗子别名。还有'炒良乡'的，良乡之可炒，真是可笑之至了！"

上引《三六九画报》的批评，绝非无风起浪。1936年，《时事新报》记录了这般闹剧在上海街头上演时那让人啼笑皆非的景象："有一种栗子，散到水里浮起来，那些全是烂栗子。店家炒好了，放在筐子里，提着到街头巷尾去喊：'良乡，良乡热良乡，阿拉良乡天津到，天津良乡，要糖炒，四只铜板卖一包啦'！"

其实，时人大多清楚长三角地区的栗子很难有机会遇到"真良乡"货。在上海编辑发行的 1935 年版《家庭新食谱》，精当地总结称"南方所称良乡栗子，大都冒牌、影戏性质，不足贵也"。该书也提醒读者，长三角民众所食栗子，主要有三个来处："大者名'魁栗'，产自皖省之徽州、安庆；次者名'中栗'，在山东兖州等区有大宗出品；小者名'茅栗'，产自浙中诸山及吾乡虞山为最多"。果真不靠良乡，近代先民也能吃到香甜可口的好栗子。

1939 年，《实报》鞭辟入里地揭开了上海栗子界冒充"良乡"货的心理面纱："上海的炒栗子，本不是良乡产，而偏要冒称良乡；北京的炒栗子，多半是地道良乡货，而偏不说良乡，要称'糖炒'。这无疑是上海离良乡远，所以愿意拿出来产名栗的地方——良乡来标榜；北京离良乡太近，就是真正良乡货，也并不稀奇，所以只好用'糖炒'来号召了。"

不过，在百年前也曾有商家难得"出淤泥而不染"，坚持实事求是向顾客交代栗子货源。1946 年，《铁报》新闻记载："卖栗子耻称'良乡'者，上海的历史上只有郑福斋一家。几年前曾设专柜，售过'糖炒栗子'。顾主问：'是否来自良乡'？他们会郑重地辩正：'这是龙泉栗子'。"

板栗的细腻"赏味"

糖炒固然精彩，但长三角百姓眼中的栗子美味，从来不拘于定式。

吃得多了，江南人民心里对栗子的处理、保存，颇有一番心得。1918年，上海《家庭常识》杂志告知读者："生栗剥壳后去皮，殊觉费事。最好先放地下，以脚踏而踩之，然后剥壳连皮尽去"。1935年，杭州《进修半月刊》则展示了栗子保存诀窍："干收者或曝，或悬迎风处；生收者，藏润沙中，至翌春三、四月间，尚如新摘。"

处理好的栗子，可甜可咸，可温可热，万化形式归于惊艳美味。

栗子甜品是嗜糖江南人的共同"心头好"。1941年，《科学趣味》月刊称"桂花栗子本为栗子与桂花白糖所作之羹，食之不独鲜甜可口，且有桂花香味"。这道"桂花栗子"正是苏南佳味——1947年，《国民日报》文章谈道："苏州人家有主妇善以栗子和冰糖煮为'栗子羹'者，别有风味之隽品也。"此外，将栗子入甜粥也是赋予其他谷物曼妙清甜的不错选择。1934年，上海《食品界》周刊就开列了"栗子甜粥"食谱："取鲜嫩之栗子若干枚，和新香粳米及红枣等，煮以为粥，其味之隽美，洵别有风致。"

做菜，则是江南人更熟谙的栗子"归宿"。

一道鲜甜无比的"板栗鸡"是长三角民众冬日里的代表性"硬菜"。1935年，上海《禽声月刊》解说了"板栗鸡"的妙处与做法："秋季的栗子，是当令的果实。而当年的雏鸡，这时也逐渐长成，羽毛丰盛，成为童子鸡了。栗子鸡的煮法，乃将童子鸡宰杀后，去毛洗净，整只切成小块。用红烧的煮法，加好佐料，以'炖窠'的炭结，文火炖煮。另将栗子剥皮去衣，切成小块，加入罐中同炖。及童子鸡炖熟时，栗子亦酥烂可口了。栗子鸡的调味，须略带甜，然后吃起来甘香鲜美。煮整只的鸡，形式虽然好看些，调味入骨，却更见适口！"

在"板栗鸡"等栗子肉菜里，虽说栗子不如肉来得"金贵"，但在风味构成上，栗子从不输给那些大肉。1973 年，上海市饮食服务公司组织编写的《烹饪技术》记载，"栗子黄焖鸡""杏仁黄焖鸭块"都以栗子为重要食材。两道菜在栗子预加工方面也遵循相同操作："把栗子用刀斩成两片，放到水锅里煮开，捞出，趁热剥去壳。放入竹笼中，上笼干蒸十五分钟，取出待用"。进行如此繁琐准备，是因为两道菜都对成品里栗子的口感抱以很高期望——厨师烹饪"栗子黄焖鸡"须做到"栗子酥面不烂，块形不碎不裂"，亦即形、味兼美。或许一道"板栗鸡"的好味道都被吸进糯香的栗子里了。

做菜的栗子还有更多精彩"变形"。1932 年《时事新报》介绍道："酒筵中的'栗子鸡'和'百果饭'，也都是用栗子和调的。而且并不是良乡栗，乃是嵊县山中所产的大栗。还有吃素老太太所当作'珍珠'的，有一种叫做'醉栗'。将栗子煮得烂熟，用好的酱油、绍酒浸起来，其味隽永"。或荤或素，栗子都能赋予味蕾细腻温柔，却又浓醇深刻的审美体验。这大抵就是所谓的"大味源自至简"吧！

糖炒栗子香满街

第二十四章
西北风来：旧日上海的腊味印记

时值冬月，大江南北西风猎猎，万物渐变肃杀景象。然而，老饕们的鼻尖，总会在这时忍不住微动起来。一股惹人垂涎三尺的腊味香气，被西风送进千家万户，成就了寒冷冬季里丰富餐桌、温暖食客的公认佳品。

晶莹透亮的"老广味道"

腊味的腊暗含着对"腊月"时令的遵循。虽然一年四季都可品尝，但腊味无疑首先是献给冬天的。1937年，《铁报》刊文介绍广东腊肠，开门见山道："香肠为粤中冬季唯一食品，普通一般人，都在阴历十月至十二月前后，赶着制造。"冬季不单是腊味的生产高潮，旧时人们的腊味消费，也会在冬至前后达到年度巅峰。1927年，《新上海》杂志登载的文章形容"腊味，广东人多用作冬至送礼的佳品"，即是如此。

作为腊味的一大故乡，两广对腊味品质的挑剔由来已久，逐渐促成了"选腊指南"。拿最常见的腊肠、腊肉来说，老广的地方性知识早已成为各地吃客"抄作业"的对象。1910 年，《图画日报》连载的"营业写真"就将腊肠优品的品相，概括成了一联打油诗："此物之制自广东，腊油雪白火腿红。"关于腊肉，1947 年，《力报》的一位作者指出，广式腊肉的好坏需从是否"肉色鲜红透明，味极美"这两点出发予以判断。

天性"好吃"的老广，自然乐意为一口脂香盈鼻的腊味奔走搜罗。1948 年，《工商新闻》杂志把腊肠誉为"东江特产"。其中"尤以离东莞城五十里的'厚街'乡最著名"。全面抗战爆发前，就连惠州的许多高档食府都会远道而来采买"美味芳香，确有特色"的厚街腊肠。

老广眼中的腊味，唯有靠一碗晶莹雪白的米饭加持，方可显出绝妙口感。在《洋泾浜》杂志一位作者的眼中，腊味之于老广，不仅有"佐餐下饭"的功能，更可用于烹饪过程中给白米饭增添令人垂涎的鲜香。1927 年，这位作者尝试总结道："将腊味置于锅之上层，使香馥之气入于饭中，饭熟而腊味亦熟，食时以刀切片。"同年，《新上海》杂志的文章也介绍了腊味饭的烹饪技巧，更贴心之处在于作者抛出老广经验，叮嘱读者烧饭前只能"把腊味用湿布抹净"，而不能"放入水洗"，否则滋味大减。在丰富腊味饭口感方面，老广从未放弃努力。一些粤菜经典食材的叠加，也能令腊味饭焕然一新，更加诱人。1936 年，旅沪广东人创办的《粤风》杂志描绘了广东驰名腊味饭——鹌鹑腊肠饭，煮饭时腊肠与鹌鹑互渗肉香、油香，开盖时扑鼻而来的芳香，怕是久经"食场"的老饕都要腹中鼓声大作吧！

催人生津的广式腊肉，做工并不复杂，颇有"大道至简"的哲学感。有别于西南，特别是云贵川等省份多见的"烟熏腊肉"，广式腊肉循着当地味觉传统，腌出了另一种风格。1949年，《现代妇女》的美食指南向读者展示了广式腊肉的通常做法："先将猪肉切成长条形，厚薄三五分，放在上好的酱油里浸，最好更加少许白糖。浸一星期后取出，晾在透风的地方，不数日便可以吃。"如此简单，却又如此诱人，这口腊味真是不寻常！

谈及近现代腊味，一则传播甚广的趣闻必须一提。1932年，《上海报》公布了坊间有关康有为早年乡居生活的逸闻。身为老广，康有为"生平最爱食腊肠与鸭子"，但未发迹之时的康有为极其寒酸，无福解馋。结果"其邻舍有以腊味为生者，康氏常窃其尚未制就之腊肠。久而久之，事发，康氏直认不讳"。好在邻居心善，看在康有为乃贫寒书生的份上不予追究，否则中国近代史的几个关键片段，怕是要"改写"不少。

让康有为不顾读书人体面，宁愿"瓜田纳履"的腊味，也令其他广东籍文人念念不忘，为文坛奉献了不少谈资。1937年，途经上海真如张宅的某作家，在宅主广东梅县人张资平的"门面"前震惊良久。据后来见刊于《时代生活》杂志的文章记述，张资平"门前陈列了两排腊肠在太阳下晒，数目至少当在五六百节以上"，如此巨量，恐怕已不是"嗜好"二字所能形容了吧？

风靡南北都会的广式"腊食"

近现代上海，广东移民鱼贯而入，形成了与"宁波帮""苏北人"等乡缘群体平行的"广帮"，深刻影响着近现代上海城市历史进程。老广们给上海带来了百货商店，也送来了各色腊味。20世纪20年代起，广东南海人冼冠生在上海开办的名企冠生园每年都会行销腊肠、腊鸭等正宗广式腊味。后因顾客众多，冠生园在1924年干脆单独辟出了"腊味部"。20世纪二三十年代，广式腊味产业在上海蓬勃发展。1928年5月4日，上海广帮腊味馆在普元楼举行揭牌大会，沪上从事此行当的人数之众、产业之兴，由此可见一斑。1936年发表于《现代生产杂志》的《由美国香肠说到广东腊肠业及其制法》记载了广式腊味在上海的兴旺景象："在去年的春天，上海的电车和公共汽车上，布满了广东香肠、香鸭的广告！"这般风光，恐怕近现代上海美食"群芳谱"里点不出第二位。

值得一提的是，检阅近现代报刊上形形色色的上海腊肉广告。各家宣传虽各有千秋，但广东、无锡这两个地名，着实是共性"高频词"。究其原因，大抵可以用1942年广良园的宣传词予以解说："特聘广东名师，采用无锡鲜肉，工精料足，鲜美无比。"粤地传来的正统技艺配上苏南高品质猪肉，如此强强联手，做出来的腊肉怎能不让人垂涎欲滴呢！而到了20世纪30年代，在上海法租界内麦底安路（今山东南路）等处，还可见若干商号发售"广东香肠衣"。这说明本地制造腊肠的民众亦为数不少，否则万难催生出产业。广州腊味从登上上海餐桌到成为"阿拉家常"，个中饮食文化嬗变，

1938 年《社会日报》上的腊味广告

1939 年《锡报》上的腊味广告

1948 年《铁报》上的腊味店广告

诚可谓"日月换新天"了！

此外在 20 世纪 30 年代，上海的部分广东腊味店已开出"小食部"，支持现场制作腊味饭，顾客可以堂食。同期，上海的冠生园也供应"应时'瓦锅煲饭'"，其中主打产品便是腊味煲饭，号称"纯粹广式之乡村风味"。

与上海情形相似，近代北平也因两广移民，掀起了一股持续良久的"腊味热"。1935 年隆冬，《时代日报》发文讲述了"北平的广东食品"。文章提到那时"菜市口一带，因广东会馆很多，在丞相胡同、米市胡同有广东叉烧肉作坊很多"。这一带的叉烧作坊里也会兼卖各色老广腊味，引得"凡旅平粤、桂籍人士无不趋之若鹜"。

江南酱肉的厚味体验

谈完广式腊味，顺带也提一下它的近亲江浙"酱肉"。上海、浙江、江苏等处民众，也会乘着冬风腌制"酱肉"。其制作步骤与广式腊肉相近，风味上的主要区别是江浙沪地区民众习惯在"酱肉"的腌料里多添些高浓度白酒，激发独特口感。

1928 年，《上海常识》杂志勾勒了长三角的酱肉江湖："酱肉是江浙二省有名的食品，杭州、苏州二处都有出名的卖酱肉的。比如杭州的赵长兴，苏州的陆稿荐。上海有许多陆稿荐，都卖酱肉。还有浦五房，也是卖酱肉出名的，红红肥肉，很受一般嗜食肉的欢迎。"

苏州陆稿荐的酱肉令许多吃客赞不绝口。1935年,《社会日报》的一篇随笔谈道:"论它的火候,确实'到把'（方言'到位'）,香气也够让人垂涎"。1902年,上海《春江花月报》登出"真老陆稿荐"在上海郑家木桥开业的消息。广告称这家店主营产品是"五香酱肉"和"秘制酱鸭"。由于陆稿荐名气太足,到1919年时,上海大街小巷里已冒出不少冒名顶替的假店。据当年《小时报》公布的有心人统计,当时上海挂出"始创陆稿荐"的有29处,叫"真正陆稿荐"的计42家,说是"老陆稿荐"的多达56个,而题名"真陆稿荐"的,约有44家。总的算下来,当时上海真正的,以及托名"陆稿荐"的酱肉店,竟然至少有172家之多!更为夸张的是,短短几年后,1923年,《时报》报道公布了一个更让人合不拢下巴的数据:"上海陆稿荐有真、老、始创之别,共二百八十三处"!

旧时每到寒冬腊月,多数江南人家都会自制酱肉。各地因风土差异及饮食习惯区别发明了多种多样的腊肉腌制食俗。

1939年,某生活作家在《心一》半月刊上记述了老上海的一款酱肉的制法:"肉不要洗,到酱油店买精盐一包,放在锅子内炒过,涂满肉上。放在坛内,二、三日后取出洗净晒干。再到广东杂货店内,买一角钱珠油（红豉油）,放酱油和少许陈酒拌匀。便将晒干的肉,切成条子,浸在珠油、酱油、酒弄成的混合液中。翌日,即可取出晒,晒了一次,再浸一次。如此三次,颜色就鲜红可观了。"作者还推荐了他食用这款酱肉的经验:"取一、二条,将肉皮切下放汤,肉放在饭内蒸,即香松可食。"

往北走些,苏地酱肉制法显现出了更重香料的味觉偏好。1947

年,《南京晚报》开列了一则当地酱肉配方："制酱肉,先用瘦肉四斤,抽去筋骨。用酱一斤半、研细盐四两、葱白细切一碗、川椒、茴香、陈皮各五、六钱。用酒拌后,使肉成稠粥状,放在坛内封固,晒在猛烈的太阳下。过十几天以后,启盖察看,干再加酒,再加盐,不可使之太干。"

无论腊肉还是酱肉,猎猎西风带给国人的美味,都是对我们历经严寒的慰劳、犒赏。你看,腊味正踏着"味蕾之春"的脚步,向我们徐徐走来。

旧日的腊味印记

第二十五章
暖身御寒：百年前的江南"过冬"羊肉

朔气袭来，凛冽寒风提醒着人们严冬将至。此时，立秋日"贴秋膘"储存的能量似乎已无法抵御刺骨的冷气。因而，瑟瑟发抖的老饕们总要摄入些"温热"的吃食来舒缓冻得发僵的神经。羊肉，性温热，是大江南北冬日里公认的一道滋补暖身美食。比起内蒙古和宁夏羊肉的名震四方，以及老北京涮羊肉的妇孺皆知，长三角地区的"江南羊肉"，长期保持着水乡女子般的精致与低调。晚近的江南百姓如何享用"暖羊羊"？且寻着古巷深处飘来的阵阵肉香，前去一探究竟。

经典的土产山羊

比起北方羊肉，长三角地区的羊肉似乎很难"跨出"地域。个中缘由，首先还是羊种不一引发的风味差异。1948 年，《机联》半月刊点出了其中奥妙："羊有绵羊、山羊两种，北方人均吃绵羊，江浙人则吃山羊。绵羊肥大，而肉甚老，宜片而食之。山羊虽小，而肉较嫩，红烧、白烧均鲜美。上海一带的人家，都喜欢红烧，烧白汤吃的很少。"

山羊肉腥膻气较重，不喜好者难以接受。这也导致在一些北方人眼中，南方不是"吃羊肉的地方"。1934 年，《北洋画报》的《上海之羊肉馆》一文批评道："南方人不善食羊肉，最大缘故，即因南方无绵羊，山羊则膻味极大。嘉兴羊肉为南方羊肉中之上品，而乃不脱羊味。"当然，长三角地区的羊肉烹饪也与北方区隔明显，这也令他乡客感到不适应："其食法又与北方人迥乎不同。褪毛连皮，取其皮肉之间油多也。最普通之食法，即以羊肉煮面，爆羊肉则不加大葱，涮、烤则更未曾见过。"

当然，风味绝无"定调"。长三角羊肉爱好者们，也提出了"针尖对麦芒"的反驳。1946 年，上海《吉普》周刊主笔就反击道："久居南方者往往爱吃带皮的山羊，不取北方去皮的胡羊、绵羊。因为南方的羊腥膻味浓，羊肉的特点即在腥膻之气。北方的羊味和猪肉、牛肉相差不远，又没有肥腴的羊皮，故宁舍北而取南。例如，江浙人吃的红烧羊肉，味亦不坏，浦东人爱吃白切羊肉，也是别有风味的。"

上海人对羊肉的嗜好催生出了本地发达的养羊产业。1933 年，上海市社会局所编《上海之农业》介绍："本市农家所饲养之羊，分山羊、绵羊二种。浦东一带，多饲山羊，浦西一带，饲绵羊者甚多。惟二者相较，则山羊多于绵羊。山羊为土著种，绵羊则来自北方，并无剪毛与取乳之收益，只如豚之仅供食肉用耳。"此书还提到，总体而言上海因为"气候湿润，不甚适于绵羊之生育"，由此“市上所售者，均属山羊肉，绵羊肉甚少，盖绵羊肉多供自用故也”。这条记录从供应角度很好地解释了老上海为何会选择并最终钟情于山羊肉。

老上海最经典的羊肉烧法是红烧，这也是许多江南食客的“同乐”所在。

百年前上海的红烧羊肉擂台郡英荟萃，先得楼的风光声震一时。1924 年，《时事新报》称“先得楼，设于南京路盆汤弄内，为上海有名老店之一，专卖羊肉食品。而以红烧羊肉面，尤为出色。他们发卖的羊肉，好在绝无羊骚气。烧得透烂，而又很入味”。1927 年，该报广告又谈到先得楼除经典的红烧羊肉外，新增了红烧五香酱羊肉、美味酥羊羔等吃法。可见这间酒家将羊肉系列视为时令品牌，并用心经营。

1930 年，原先得楼因经营者家庭内部矛盾激化，导致停业。1933 年秋季，先得楼易主重新开业，《申报》公开了其经营、恢复经过：“有硖石人骆君者，以先得楼在沪有悠久之历史，且海宁硖石附近各处，为产羊之区。而旅沪海宁人士，渴望其重振旗鼓，俾得饱尝家乡风味”。这条记载一方面表明先得楼的口碑之优，另一方面也点出了它成功的主要秘诀——原料选用良种羊，在根源上做文章，保障了羊肉端上桌时的惊艳口感。

除了红烧，简单原味的白切，也是老上海与之近邻喜爱的羊肉烹调方式。1949 年，一位出生于江南的作家在上海《七日谈》周刊撰文回忆：“小时候在外婆家，大冷天，从市上买回来的切片羊肉，焐在烫粥里，蘸一些鲜酱油，风味无穷。”

1938 年《社会日报》上的
羊肉馆广告

1910 年《图画日报》上的嘉兴羊肉担

　　白切等做法加香辛料少，尤为考验羊肉去膻的前期准备。在这方面，老上海人颇有心得。1918 年，上海《家庭常识》给出的方案是"用囫囵萝卜一个，全身钻细孔，与生羊肉同时下汤煮四十分钟。将萝卜取出弃去，然后红煨或白煮，则无腥膻之味"。1937年，《现代家庭》杂志更为详细地解说道：煮羊肉时"如有浮沫发现，即用匙逐渐撇而弃之。待沫尽汤清"即可。同时"加上好黄酒，也是去腥的良法"。

　　上海、苏州等羊肉"名区"之外，长三角其他地方也大有喜好山羊肉者。1941 年《农报》双月刊称宁波象山"农家养羊极多，多系土种为肉用者"。而以"湖羊"为代表的江南绵羊也捕获了不少食客的味蕾。1936 年，上海《儿童世界》杂志形容"浙江的嘉兴、湖州两区都是产羊最丰富的区域"，这一带出产的绵羊肉口感甚佳。1934 年，《东南日报》赞美湖州德清"羊肉名闻遐迩，堪与枫泾丁蹄媲美"。

街面上的本地羊肉美食

　　百年前，长三角地区的不少城市和乡村都围绕羊肉，做足了美食生意。

　　每届秋日，近现代上海市面总会涌现出丰富多样的本地羊肉美食。1942 年《申报》广告显示，上海二马路大新街口的一家小吃店，从农历八月十八日开始供应"羊肉汁粥、红烧羊肉、羊肉大面、羊肉菜饭"等系列羊肉美食。

当然，对老上海而言，羊肉面才是吃羊肉的最佳方案。1928年《上海常识》记录了那时本地羊肉面市场的整体形势："天气渐冷，羊肉面又上市了。这种羊肉面，有红烧和清炖的分别，红烧的滋味似乎稍胜，价钱倒也并不比清炖的贵。所以吃羊肉面的，还是吃红烧的上算"。在百年前的上海找家擅长羊肉面的馆子解馋，并非什么难事。1924年初冬《时事新报》一篇上海南市美食指南就涉及了两家以羊肉面为招牌的餐饮店："大东门外如意街大醋楼之红烧羊肉面、果子巷'本帮羊肉面'"。

清冷的冬日早晨，是老上海吃羊肉面的常见时间段。20 世纪30 年代，有报道称沪上几家著名羊肉面馆"在早晨的时候，那边吃的人很多，有时实在没有好的座位。但是下半天倒是很清爽的"。此外，在老上海的羊肉世界里还有相对草根化的，"汤里放满了羊血，腥气异常""吃的人都是乡下人和工人之类"的大众羊肉面摊。看来老上海对羊肉面的喜爱，真的无论收入高低，不计职业来头。

老上海的羊肉面也浓缩了许多来自长三角其他城市的饮食智慧。1928 年，《申报》广告介绍了上海四马路（今福州路）的大吉祥食品公司，这家"自晨至夜均有出卖"羊肉面的饭店便是"特聘浙湖（州）名厨烹调羊肉面"。不过总体而言，老上海人还是更倾向于将羊肉面这碗冬日慰藉托付给乡里乡亲。1948 年，《立报》报道称上海"经营羊肉面馆的都是本地人，非但如此，就是挑担卖羊肉的，也都是本地浦东人"。如此一来，也就产生了若干本地化的羊肉面业"乡约"："本地人吃羊肉面的规矩，入座之时，例有羊血汤一碗。此汤可添，可不花钱。"与此同时，本地化的羊肉面经营也促使上海老饕们细加甄别，理顺了上海各区域羊肉面的你长我短。譬如《立报》这篇新闻就谈道："真如的羊肉，大概是用有色汤煮烧，羊肉皮都映作殷红之色，不及徐家汇的白净可爱，但面做得极入味。"

把视线向北稍移，苏州的地方羊肉美食也格外诱人。"羊糕"是其中最突出者。1947年，《南京晚报》解释了"羊糕"来历："至于江南一带，冬日则以'羊糕'著称，系以羊肉煮烂后，冻成方糕。所谓'羊糕'美酒，称快一时"。1927年，《通问报》周刊更细化地列出了"羊糕"食谱："以生羊肉洗洁，入锅中煮一小时后取起，去其筋骨。然后更入锅中红烧，加以冰糖少许。煮数小时后，使皮肉成细丝。乃连汤注入瓷盆中，置之见风处，使面起白油成冻后，乃以小刀切成小块"即可。

百年前的扬州，喝羊汤吃羊肉也是冬夜里特别暖人的地方小吃景观。1937年，某扬州籍作家在发表于《申报》的故乡羊肉回忆里写道："在一个破旧的墙门里，摆上三张八仙桌，十几条长搬凳。东关夜书散场，吃客便哄哄地来了。其中自然还夹杂着赌鬼、烟鬼之流，咨啬地光喊一碗'清羊汤'，但碗底也有几块光滑骨头，汤面浮着一些蒜叶。撒上胡椒末，喝进肚，亦暖暖身子。普通喊汤之外，再喊'一蹄一拐'。所谓'蹄'、'拐'，就是羊的腿骨和膝骨，上面有一部肉可啃，老头子没牙齿是不相宜的。阔绰些的，便合伙搭锅红烧，'三客烧'六百，或'四客烧'一千，用冰糖烧，肉又烂味道又厚。""吃红烧羊肉的，羊汤奉送。羊汤便是生羊下锅的原汁，烧熟后，汤中便加盐和生姜。这在城里人或嫌腥气过重，但羊的真味，却全在汤中。"这般滋味，不是在冷风中畅饮大啖，恐难以体会真切。

北风南渐的羊肉美食"对话"

上海商埠林立，各方人士的舟楫往来，也带动了羊肉美食的"南北碰撞"。

初到上海的华北食客大概率无力招架本地羊肉的浓重膻味。1944 年，一位北方来客就在上海《春秋》月刊中抱怨："旅居在异乡，许久没有尝到羊肉的滋味了。上海的羊肉我不敢吃，因为我是太厌恶腥膻气。我情愿望着羊肉店外挂着的，剥好的羊只，惦念着不能适时归去的故乡，兴起不能自已的怅惘。我没有冒险尝一尝的勇气！"

但也有眼光敏锐的北方人在沪上建起了"北式"羊肉馆。1935 年，《新闻报》称"清真南来顺羊肉馆，由北平旅沪青年常金铭、张德明、买立动等合资创办"，这便是个案例。通过 1946 年《国际新闻画报》的记述，我们也能窥见百年前上海"北式"羊肉馆的大致段位分布："海上清真羊肉馆，以洪长兴为著，开设吕宋路（今连云路）有年……中午傍晚，汽车与三轮车停门外，途为之塞，可知洪长兴为富豪所推崇。此外尚有一正阳楼，亦为清真之羊肉馆，位于马霍路（今黄陂北路）畔。装潢布置，胜于洪长兴，惟所售牛羊肉不及洪长兴优美，而售价又较洪长兴为贵，所以问津者寥寥。"

　　虽然难言绝对正宗，但近现代上海的许多"北式"羊肉馆，都有意借助于"移栽"，突出强化菜品的地道感。1943年，《申报》广告提及上海三马路（今汉口路）大新街口的悦宾酒楼"为迎合时令，特由北平聘到切肉名手，增加烤、涮羊肉及牛羊肉类菜点"，这就是把握了北京涮羊肉的功夫与灵魂所在——切出又薄又美的羊肉片。

　　上海也成了许多长三角其他地区旅客初见"北式"羊肉馆的地方。1946年隆冬，《苏州明报》的一名主笔回味无穷地写道："最近在上海的一家羊肉铺里初尝到北方土吃——'涮羊肉'的味道，觉得非常满意。"作者赞许涮羊肉"味道是具有香、嫩、甜三种妙处。有些人还搭两个芝麻饼同吃，真是一顿很好的点心。价钱并不大，算起来比广东小吃店合算得多。并且在气候寒冷的时候，吃了之后遍身暖和和的，把寒冷也忘掉了"。

　　当然，"北式"羊肉馆的许多菜式并没能成功"南下"。譬如羊杂，就遭遇了冷热不一的尴尬。1937年，某杭州作者在《东南日报》表扬"北平市上到处是小吃馆子，都以卖'羊杂碎'著名。凡羊身上的东西，自羊头至羊尾，无不齐全，各有吃法。不像我们只有生吞活剥的白切，和粗制单调的红烧或清炖"。然而，对"北式"羊杂反感者也不在少数。1949年，一位从小喜吃东山羊肉的苏州籍老饕，在《莫厘风》月刊亮出了他的羊肉品味："我喜欢'腰和'，腿板太瘦，尾巴又太肥，'腰和'正适得其中。至于羊腰子、羊肚、羊脑等等，我觉得倒没有什么好，难得吃一点。尝尝新奇是可以的，但常吃便不行了。"

　　看来羊肉美食永远是一道"十里不同俗，百里不同风"的家乡味啊！

江南的过冬羊肉

第二十六章
一坛飘香世界的绍兴黄酒

　　绍兴黄酒在中国南方酒饮世界里的地位不消赘言。不过想必多数人无从料到，餐间月下，调味佐餐的那杯琥珀色浆液，竟能成为近现代异域来客体认中国酒文化，乃至与中国人生活发生联系的一大媒介。

　　可以确信，1863 年 3 月不会是近代来华西人第一次目睹绍兴黄酒。但未尝不可把这个时间点视作绍兴黄酒飘香世界的一个起点。那月，一位《北华捷报》通讯人去信编辑，讲到旅居绍兴城内的外侨时而会采购几坛"*Loo Choo*"出城犒劳太平军，与那些"非常享受这种酒"的将领们联络感情。"*Loo Choo*"，即威妥玛拼音的"老酒"，实指绍兴黄酒。不知提坛挂壶犒军去的那群金发碧眼可曾与"红头人"推杯换盏过？

　　1879 年，法国博物学家福威勒受命筹备 1880 年柏林万国渔业博览会中国馆。福氏借机在浙江多地深入田野，调查风物。因缘际会，福氏在"一个月的浙江之旅中，多次品尝了这种酒，总是感觉很好"。他饶有兴味地告知读者："随着年份的增长，绍兴黄酒的质量会变得更好，所以珍藏在房窖里的美酒总是被人称作'老酒'。

我很想把绍兴酒带回欧洲。不幸的是，这种酒无法忍受长途旅行及路上的高温闷热。"都想着要搬几坛回国痛饮，恐怕绍兴黄酒带给福氏的愉悦已非文字所能形容了吧！在考察报告《一位博物学家在舟山群岛和浙江沿海的旅行记》里，福氏如此向西方世界读者述说绍兴黄酒："这是一种被广泛饮用的发酵饮料，因浙江一座城市得名，品质绝佳。这种酒装在陶土做成的双耳形坛子内，经由宁波大量外运。绍酒和金华火腿同出一省，后者也是清国极为重要的一种农产品。中文有句俗谚：'绍兴酒与金华火腿，在帝国的每一个角落都名声赫赫'。"福威勒也记录了一则坊间传闻，可能早在 1857 年，几个法国军官就因一名华人随从力荐，"咪"到了一口地道的绍兴黄酒。故事真假莫辨，但美酒本就是半醉半醒的。喝与没喝，真有那么至关重要吗？

　　博览会好似中国黄酒与 19 世纪、20 世纪西方世界相识的"红娘"。近代绍兴黄酒首次震撼亮相海外舆论舞台，正是得益于一次全球展会。1884 年，规模盛大的国际卫生博览会在伦敦开幕。本次展会的中国馆布展精致，体验活动丰富多元，以一场中外嘉宾盛宴为最高潮。是日宴设曾纪泽亲题匾额的馆内中餐厅"紫气轩"，海关洋员赫德特地组建的中国民乐队也来到现场伴奏助兴，好不热闹。

　　散席后，《伦敦医学时报》率先从食品角度分析了那晚奉客的绍兴黄酒："与燕窝羹一起端上来的，是盛在一组小杯子里的热酒，名字叫做'绍兴酒'，是用大米酿成的。"然而，当晚"身先士卒"的英伦医生们无法在短时间内适应绍兴黄酒独特的酒香与冲劲："对于英国人，这酒实在会造成些难以描述的不适感。"其实不只是医界嘉宾，那晚赴宴的英国绅士名流先前都未曾品尝过绍酒。可以想见，当现场宾客们带着啜饮香槟的预期，快速将舌尖探进黄酒盅时，那种强劲的味蕾冲击不消多说。于是乎，一些并无恶意却略显滑稽的绍酒风评陆续进入英美读者的视野。英国发行量极大的幽默讽刺杂志《笨拙》调侃，绍兴酒的口感有点像"家具抛光剂的经典味道混合着巧克力奶油"。《格拉斯哥先驱报》引述现场宾客戏谑，称"一想到冒着热气的酒水从茶壶中流淌而出，客人们不禁内心发憷。但绍兴老酒到底还是'压轴'出场了。朋友说它喝着有股'医院药房的味道'。"卫生博览会报道现场的英美记者们，显然也从嘉宾们面红耳赤的表情里觉察到了问题。他们发回的报道不谋而合地提醒可能接触到绍兴黄酒的读者："这酒一桌点一壶就好，每位客人小抿一口就可以了，那股冲劲实在难言其怪。"

在其他晚清重要外交场合，譬如1889年3月光绪皇帝大婚的各国使节招待宴上，都能看见绍兴黄酒的身影。多家英语报纸先后披露了总理衙门举办招待宴的酒水安排，其中第一顺位正是"来自绍兴府的酒"。由此，争先恐后希望一窥中国皇家生活的西方读者，无意间再次强化了"绍兴酒就是中国国酒"的文化印象。

相映成趣的是，1943年，雷塔·兰伯特发表在美国《自由》杂志上的文章，将绍兴黄酒评为中国"温和的酒饮"："如果招待你的是'绍兴酒'，你大可安心喝上好几小碗。不过假使端上来的是高粱酒，或者'广东酒'，你就必须小心了，那可是烈酒。"而在此前，寓居浙江的外侨们早已习惯端一樽绍兴佳酿畅饮消遣。澳大利亚《昆士兰人报》透露，1930年前后，诸多外籍游人喜欢在杭州西湖的碧波之上，就着绍酒饱览大好风光。看来美酒无所谓"烈"与"不烈"，也并没有"冲"或"不冲"，化用黄酒"老乡"鲁迅先生一句名言："世界上本没有好酒，饮的人喜欢了，也便有了佳酿。"

随着绍兴黄酒越发驰名世界，绍兴这座小城渐渐锚定了自身的国际形象坐标。20世纪上半叶，《泰晤士报》《中国评论周报》等英文主流媒体放送新闻时，多会不期而同地以"那个举世闻名的酿酒中心"指称绍兴。更有甚者，这般地理思维还影响了部分严肃的政府文件。1938年5月21日，美国情报部门编制的一份中国抗战简报，就为便利决策层理解绍兴这个不常现身的"小"地名，注明"那里因是'中国银行家之乡'，还有'中国黄酒产业中心'而闻名于世"。

更为令人惊叹的是，有些近现代在华西文媒体竟把绍兴黄酒的地理象征拔高到了民族国家层次，俨然指认绍酒就是中国"国酒"。1921年，《北华捷报》谈到，绍兴酒与苏格兰威士忌，这两款名酒在象征民族国家方面着实神似："绍兴酒是何等妇孺皆知，芳名远播。以至于对一个中国人而言，'绍'这个字的意义好比'苏格兰'对英语世界一般重要！"1936年10月，艺界泰斗刘海粟在英文报纸《大陆报》"银禧特刊"里开列专节推荐绍兴黄酒，毫不吝啬赞美之情："中国许多地方都出产酒饮，其中绍兴地区酿造的那种被称作'黄酒'的酒，几个世纪以来都被视作质量最佳的国酒典范。"绍酒的"国酒"形象历久弥新。直到1946年，《大陆报》还盛赞"绍兴黄酒是最为风靡海外的一类中国土特产"。

1913年《之江画报》
上的绍酒运输船

1935年《中华》杂
志上的绍兴运酒船
与沿河酒肆

1935年《中华》杂
志上堆满了酒坛的
绍兴东浦某埠头

　　绍兴黄酒何尝不是近现代中国国家民族意识的一个风向标呢？1909 年初，来华西医斐恒在上海观察到，通商口岸精英们的饮酒偏好，较之父辈已有明显改变："中国绅士们和洋人品鉴同样的酒饮，不再喜欢喝那种著名的绍兴酒"。的确，在晚清民初的大变局里，踟蹰于传统与近代之间的中国曾过激地短暂"忘根"，香槟威士忌挤占绍兴黄酒的台面之下，涌动着"土"与"洋"的认同挣扎。然而很快，中华民族自尊感、自信感火种复燃，国人深切意识到"中国的"虽未必是最好的，但一定是最适合中国的。酒饮方面的修正随之到来。1933 年 9 月，杭州市民向国家捐赠飞机的首航"掷瓶礼"上，西方传入的香槟首次被中国本土的绍兴黄酒所取代。翌年 2 月，汉口市民献给国家的 3 架飞机再次以绍兴黄酒而非香槟作为"掷瓶礼"的道具。当年 3 月 8 日，《大陆报》主笔高度评价了中国"掷瓶礼"的转变："不再是香槟的天下，著名的黄酒终于在今日的庆典仪式里拥有了它当之无愧的地位！"外人尚且欢呼，国人又有什么理由不对绍兴黄酒的"正名"而深感自豪？

　　游历既久，来华西人不仅"识"了绍兴黄酒的盛名，也渐渐"知"其工艺、民俗、地域性等方方面面的奥妙。1936 年 7 月 3 日，上海美侨媒体《大美晚报》精辟地点评了绍兴黄酒品质卓越的"诀窍"："这种酒具有独特风味，是因为酿酒用水取自绍兴城附近的鉴湖，那里的水完全没有受到矿物质、有机质污染"。7 月 9 日，美国加州《圣克鲁斯哨兵报》首次面向美国普通读者介绍了绍兴"女儿红"酒文化："在中国绍兴，当女婴降生时，她的父母会贮藏几陶土坛子的顶级黄酒。这些酒会在女孩成亲日，在新房里启封品尝"。此说虽有讹误，但大体方向已近史实。1947 年，《大美晚报》又针对上海入冬给出了一则有趣的比喻，称这是"睡前小酌一壶绍兴酒的日子"，把中国乡绅的冬季日常描画得生趣盎然。

　　同属东亚"大米文化圈"的日本，对于绍兴黄酒的理解、认同由来已久。时至百年前，日本酒文化界对绍兴黄酒的钦羡有增无减。1887 年 6 月 11 日，《朝日新闻》的调查详细记载了绍兴酒通过陆、海路行销天津等北方都会的史实。此次日人考察绍酒，直接目的是为新研制的"玫瑰露酒"寻求改良参照——天津消费者反映同是大米酿酒，"玫瑰露酒"后劲太重。与之相对，绍兴酒则温和宜人，酣畅后不易头疼。这篇调查还有心附加了一张绍酒与"玫瑰露酒"成分化验表，借鉴乃至赶超的用意露于纸表。绍酒在日本的知名度从未下降。1918 年 7 月 23 日，《东京朝日新闻》的"论酒"文章写道："说起名酒的出产地，一般都会列举出日本兵库、法国波尔多以及浙江的绍兴"，绍兴黄酒岿然位居斯时日本人心目中的"世界三大名酒"。20 世纪 30 年代，日本记者、"中国通"泽村辛夫系统整理了绍兴黄酒的点点滴滴。泽村把所见所闻撰成《谈绍兴酒》，开篇就由衷地褒奖道："一说到中国的酒，恐怕除去烧酒外，首先所指的就是绍兴酒吧！"日本对绍酒的热衷，也在日本帝国主义侵华史上引发了一种创痛极深的经济侵略。我国东北地区沦陷后，伪满政权在抚顺扶持"满洲老酒会社"仿冒绍兴酒，竟然还大言不惭地警告消费者"谨防假冒"。谈起近代日本与绍兴黄酒的故事，这段历史也是不可不提的。

谈起绍兴黄酒在日本的文化流播，近现代日本杰出汉学家后藤朝太郎是一位不可不提的重要人物。1936 年，后藤氏在其出版的《中国民俗展望》里，特别辟出一章，以黄酒为线索记叙了绍兴的城乡风光、产业交通，以及人文积淀。后藤氏给该章所拟的标题，是"中国酒产地——绍兴"，其心目中的绍兴"酒都"印象可见一斑。此外，近现代日本著名农学家山崎百治也与绍酒有过一段不解之缘。20 世纪 20 年代，山崎克服各种困难来到绍兴，调查了绍酒酿造工艺。1924 年，山崎在当时影响甚巨的中国学专业刊物——《中国研究》上发表了调研成果《中国产发酵菌类及其制品研究：绍兴酒》。这篇文献成为了后来很长一段时间内日本酿酒业认知绍酒的权威、重要的参考。

绍兴黄酒在飘香世界之时，也凝聚着海外中华儿女的故园乡愁。1946 年 10 月，《中央日报》解释绍兴黄酒出口兴旺的一个重要原因是"南洋及美国等地华侨，颇多对国内著名之绍兴酒，具有宿嗜"。万国来客，尝的是绍兴黄酒的一个"奇"，而浸湿漂泊华侨唇边的绍兴黄酒，或许总是和思乡潸泪一道，述说着天下华人的那个难舍难割"家"吧？

香飘世界绍兴酒

第二十七章
百年前黄酒的"出圈"往事

放眼中国酒饮江湖,黄酒是各类酒品里颇显温和、典雅、厚重的一种。不过,近年来亦有不小质疑声,批评黄酒只是局限在"江南一隅"的区域性小众酒水,有甚者轻易断言"黄酒不出长三角"。难道黄酒真的只是长三角部分地区居民的独特"雅好"?揆诸史记,这显然是一个极大的错觉、误读。事实上黄酒的文化"格调"有多高,百年前它的"出圈"范围就有多广。

"黄酒不出长三角"吗?

梳理近几年有关黄酒的舆论,其中影响最盛者,莫过于一句"黄酒不出长三角"。对照历史,此言着实失真,百年前不仅长三角代表性产地的黄酒远销他乡,其他区域也有制售地方特色黄酒的久远传统。

近现代的浙江(绍兴)黄酒走出了本地吗?它又走向了哪些区域? 1935 年,浙江省商务管理局组织编制的《全省农工产品概况统计》强调，浙江"农产品茶叶、绍酒为全国重要特产"。此处所谓茶叶，主要指杭州龙井。可见至少在时人眼中，绍兴黄酒和杭州龙井是同一"档次"，是在全国范围内具有较高识别度的浙江名品。查阅旧报，当时绍兴黄酒的行销空间很是广远——1936 年 4 月，《东南日报》刊登的一则谏言形象地归纳了当时绍兴黄酒的广袤市场："北达平津、大连、青岛、西安等地，南迄汕头、香港、南洋各埠，东自日本的长崎、神户起，西至汉口以西。"引文当中有多少区域早已超出长三角边际，不消赘言。

对此，或许会有人质疑："绍酒卖到了某地，并不意味着它开拓了当地市场。如果只是一坛两坛，显然算不上成功植入。"的确，我们尚需举出绍酒在长三角以外城市的具体消费案例，来强化对"黄酒不出长三角"的反驳。那不妨借 1936 年北平某作家刊载于《实报》的论说予以验证——文章描述了当时北平、天津等华北主要城市的黄酒来源："我们平常所饮的黄酒，差不多都是头一年的，由浙江运来，分批售出。"

那么在长三角以外的区域，黄酒是否仅有绍酒这一枝独秀？翻检史料，方知中国黄酒品类繁多，众星闪耀。绍酒虽艳盖群芳，但也并非长三角以外地区的唯一黄酒选择。我国黄酒的制售区域颇为辽阔。各个产地特色鲜明，各有其"看家妙处"。

1940 年，《晨报》新闻调查《京市之黄酒业》介绍称在 19 世纪、20 世纪之交，北京市面上有 5 种常见的黄酒。分别是南黄酒（绍兴）、内黄酒（内府黄酒，清帝逊位后绝迹）、京黄酒（北京周边土产）、仿黄酒（其他地区模仿绍兴酒）、西黄酒（山西）。其中多款黄酒就是长三角以外地区出品。1926年,《伏园游记》里也提到,早年间陕西也曾规模化参考绍酒仿制"南酒"。其中"苦南酒"更接近绍酒,而"甜南酒"则"离'南酒'殊远,色如'五加饭'而殊少酒味"。陕西的仿绍酒应当被视作地方特色黄酒。这恰好验证了黄酒生产在长三角之外不仅开枝散叶,更结出了"同宗不同样"的累累硕果。

长三角之外的黄酒消费也呈现出同样的"出圈"格局——1958年,曾从野编写的《烟酒商品知识》总结道:"黄酒是我国人民饮用最久的一种酒类……但特别流行于浙江、江苏、山东、山西和东北各省,为广大人民所喜好,每年销售量占全国酒类销售量的第二位"。19世纪下半叶至20世纪上半叶不同区域黄酒产业各自的辉煌历史,也给后世留下了丰富多元的"黄酒名品"。1960年,轻工业部科学设计研究院组织编写的《黄酒酿造》爬梳了当时尚且发达的各地特色黄酒。在长三角之内的除绍酒外,还有无锡老厫黄酒、宁波黄酒、嘉兴黄酒、丹阳甜黄酒、温州乌衣红曲黄酒、金华踏饭黄酒。而在长三角之外的山东、福建,即墨黍米黄酒、福州红曲黄酒、闽北红曲黄酒也令吃酒者大饱口福。

其实在百年前黄酒的"兄弟较量"间,绍酒虽力压群雄,但并非唯一表现亮眼者。山东青岛的即墨黄酒(黍米黄酒)尤其实力不俗。1921年发表在《新社会报》的《即墨县之社会调查》谈道:"黄酒可算是即墨的特产,别处就有,也总不及这儿出的好"。可见在非大米酿造黄酒的擂台上,即墨黄酒是"常胜将军"。这款流淌着北方粮食"基因"的即墨黄酒,也在近现代开拓了庞大的东北市

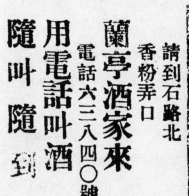

1930 年《大晶报》上的绍兴酒广告

1933 年杭州市民捐献飞机"掷瓶礼"所用的绍兴酒

20 世纪 40 年代绍兴鉴湖酒厂的黄酒商标

场——1927 年，《盛京时报》新闻称两年间山东半岛出产的黄酒在
东三省市面上极为畅销，甚至冲击到了日本酒的优势地位，其实力
之重磅昭然可见。

在长三角之外的某些产区，黄酒在地方酒饮消费架构中的定位
也非常高。1937 年，农业经济学者郭俊瑛分析了绥远（今内蒙中
南部）的情况："黄酒，绥远俗名'代酒'……绥人时以饮之，为
本地人民好嗜品之一……绥省酒馆中营业之盛衰，亦常以其所用黄
酒之优劣为标准也。"这段记载表明，那时黄酒不但深受绥远人喜
爱，更是该地餐饮业的一张特色"金招牌"。1989 年编印的四川省
青川县《文史资料》提到，当地"近百多年来，黄酒一直在青川广
大农村广泛流传。有的农民于每年夏天把黄酒投放市场，作为商品
沿街叫卖。就饮者以其能'一醉二饱三解渴'，又美味又廉价，深
受欢迎"。由此可知，历史上青川的黄酒消费一方面超越了"冬令"
的传统时间限制，另一方面也超出了"餐酒"的一般饮用场合。

可以竞争的市场，无法模仿的风味

近现代黄酒的品种和品牌琳琅满目，但质量最优、美誉最盛
的，毫无疑问仍属出产自绍兴产区核心地带的鉴湖黄酒。1917 年
《申报》形象地概括道："绍兴酒品质之美，为我国百酒之冠。自
古有'酒王'之尊称，嗜之者极众，畅销极广。"又因绍兴酒地位
崇高，在近现代的许多地区，"绍酒"也被径直挪用作黄酒的代名

词——1935年，程瀚章在常识读物《饮料》里写道：黄酒"以浙江绍兴所产的最有名望，所以普通又称为绍兴酒"，所述即是此现象。

由于绍兴酒光明耀眼，其他有黄酒自产能力的城市，也会涌现出一批"尊奉"绍酒的懂行酒客。1925年，《时事新报》对上海黄酒消费论析道："上海普通所饮之酒，绍酒为上。宁波酒次之，本作酒饮者甚鲜"。当时北京的情况与上海如出一辙。1935年，刊发于《华北日报》的《（北平）黄酒庄调查记》谈道："黄酒有本地造与'南庄货'之分别，本地造者在海淀、良乡等处，所产者皆为低品黄酒及料酒。至于平市饮品黄酒，则纯为浙江省所产，即所谓'南庄货'者是也。"

绍兴酒压倒众雄的秘诀，根本在于酿酒用水来源不简单——澄澈透亮的鉴湖水既滋养了绍酒，也与绍酒一道荡漾远行，吸引无数文人骚客与绍兴遥相感应。鉴湖水对绍酒品质的意义何在？1934年夏天，绍兴文人"詹水"路过宁波。在餐馆里，"詹水"对配餐黄酒的品质大发牢骚："味劣带苦，几难下咽，询之知为土酒，非鉴水所制。"他由此感慨"绍酒之珍贵，洵非纯盗虚声者"。翌年，"詹水"又在《东南日报》发表《鉴湖水》一文，深究了鉴湖水成就绍兴酒的具体原因。他披露了友人告知的一条关键信息——"鉴水与非鉴水相较，每一水桶，常水较鉴水轻约四斤"。由此，"詹水"指出正是因为鉴湖"水分极重"，用之酿造的正宗绍兴酒方能"醇厚绝伦"。近现代科学也介入了绍酒与鉴湖水血肉相连关系的调查。1934年9月，《东南日报》援引鉴湖水质分析结果谈道："所含盐分、磷酸、铁及游离酸等均极少量。其硬度约有二点一至二点七，故酿造最为适宜。"文章作者因之联想到了绍兴乡间流传的酿酒俗谚——"米是酒的肉，曲是酒的骨，水是酒的血。"值得一提的是，如此具象真切的"肉、骨、血"比喻，亦见于1958年浙江省工业厅刊行的《绍兴酒酿造》一书，足见其影响之持续、广远。

不幸的是，20世纪20年代至全面抗战胜利这段时间，绍兴酒的生产与销售多次遭到外部影响的严重干扰。首先是当时绍兴因水旱灾害等原因，曾出现多次较严重"米荒"。1930年，《中央日报》就分析指出绍酒"近年因酿米歉收，原料腾贵，故停酿者日多"。更为可怖的冲击来自全面抗战爆发后，绍兴经由宁波出海的贸易通道被长期阻断。1948年春，管锦屏在《中央日报》发布的文章表示：虽然上海酒楼里大多仍以绍酒代称黄酒，但真正的绍兴黄酒，已很少运到上海："所谓绍酒，现在大抵来自苏常或浦东。"

绍酒产量受挫，特别是运输阻遏使近现代中国黄酒市场发生剧烈震荡——许多地区的黄酒饮用习惯消失殆尽（被其他酒饮所取代），他处的酿酒业乘势填补市场空白（仿绍酒赢得了绍酒本来市场）。1943年，《新申报》不无叹息地解说道："（战前）制绍酒业中人，为节省运用，在江苏吴县、无锡等地，创设酒作，故又有苏酒、绍酒之分……惟因水成分不及绍兴，善饮者多喜道地绍兴酒，两地之售价，遂分轩轾。苏锡两地之制酒作，并不十分发达。"结果"八一三"事变后，"因浙江交通不便，绍酒来源日稀，于是苏锡之酒乘时崛起"，一下子竟然"营业转盛可与绍酒并驾齐驱"了。不过即便市场易主，绍酒"金牌风味"仍旧无可撼动。上面提及的1948年管锦屏文章写道:"不过一到'老酒客'的嘴里,也能详细辨出是否绍酒的真伪来。苏州、常州酒味清而带酸,浦东土造灰味重而色浊。就是太仓或常熟酒,却只觉其太甜,当然不可与真货绍酒同日而语。"直到1949年,杨德惠主编的《中国著名土产》还表达了对绍酒的万分怀念,将之推崇为各色黄酒里的最佳选项:"说起黄酒,几无人不推绍兴黄酒为第一,因为绍酒气味芬芳,一入口中便觉其他黄酒所不及。"可见虽然有形的产销会因时势波动,但无形的风味传统,始终是绍酒赖以生存、扬名的优势资源。"可以竞争的市场,无法模仿的风味。"这大概是对中国黄酒产业格局,对绍兴酒历史地位的恳切描述吧!

百年前,黄酒冲出了地域、原材料、工艺的"产销圈",又划定了正宗风味的"品鉴圈"。面对长三角,黄酒是"出圈"的。面对其他近现代国产酒饮,精致、正宗的黄酒,似乎又是不愿"出圈"的执拗者。或许黄酒的温情恰存于此间——含情脉脉,醇厚而不张扬。

黄酒的文化远航

第二十八章
老上海的年夜饭"生意经"

上海之大，首先就大在商贾往来，街面繁华。商业，是上海这座国际化大都会最深刻的文化基因。上海人的日常生活，亦处处流露着浓重却不失温情的现代商业气质。转眼又到农历年关，千家万户不约而同地开始谋划起除夕的年夜饭。不过恐怕多数上海人已不记得，在百年前的老上海，年夜饭曾是餐馆酒店眼中的"香饽饽"。这部红红火火的"生意经"，见证着百年前上海饮食风貌的现代之变，更述说着近代上海市民生活的精致与前卫。

年关将至，老上海的酒筵庆祝远早于他地开幕。1942年，《新申报》作者谈道："吃年夜饭，各地都有这风俗，但总在农历大除夕这一晚上。独有上海，却与众不同，只要废历十二月一开始，不论大家小户，就总得纷纷请人家吃年夜饭了——其实，并不是吃年夜饭，而是吃'利市酒'，乃是给上海人叫别了的！"。

延续农耕时代的习俗，19世纪、20世纪之交上海人的年夜饭大抵都是在家摆席。1909年，上海《时事报图画杂俎》选登了一幅年夜饭写生画，配诗咏到："妻孥一室话团圆，鱼肉瓜茄杂果盘。下箸频教听吉语，家家家里合家欢。"描绘的便是一大家子自行烹制年夜饭的场面。然而40年后，部分上海市民的年夜饭空间已然经历了明显转换。1949年，《大风报》观察了上海酒楼代办年夜饭的情况。文章称上海城市居民"近两年的年夜饭，大抵非出家厨，而假座酒楼代办"。年夜饭也是寻常日子里难与西餐馆媲美的上海中餐酒家"逆袭"盈利的优势区间。1949年，《飞报》一篇评论指出："每逢春节，西菜馆终是提早闭炉。吃西菜不如围坐着吃中菜那样闹猛，中菜馆的停炉，日期终在除夕以后"。

　　为何上海人会让年夜饭"走出家门"？除却物价原因，近现代上海城市"人多地狭"的空间特质，以及上海市民追求便利的城市习惯影响匪浅。1933年，冠生园饮食部的年夜饭宣传单透彻地剖析了上海家庭自办年夜饭的诸种弊端："偌大一个上海，人烟稠密，寸土缣金。倘在自己家里或店里举办起来，有下列三种的不方便：人手不敷应用、采办颇多麻烦、房屋不够盘旋。"

　　出门吃年夜饭及新年筵席，自是省下了不少心力。1946年，《机联会刊》的一篇评论转述了某上海家庭自备年夜饭的繁琐程序。对比可知在外用餐的便利："在大除夕的前几天，就得大大准备。蹄子浸在酱油里，要半个月以上，提出来挂在通风的廊下。鱼涂上了糟，菜腌在瓮里。除掉年夜饭大嚼一顿，还要预备新年五、七天的食料。米也隔年淘好了，放在饭箩里，供在神轴前面。从年初一起，天天吃隔宿的饭和菜，这叫做'年冻'。"

　　莫以为老上海酒家年夜饭的"生意经"只是靠一个"简便"投机取巧。上海市民的味蕾，放眼全国都是数一数二的细腻、挑剔。倘若菜品寡味无奇，年夜饭这部"生意经"无疑念不响。纵观老上

1929年《新闻报》上的年夜饭漫画

1941年《新闻报》上的年
夜饭预订广告

1947年《新闻报》上的年夜饭广告

海餐饮店的年夜饭，粤菜、甬菜、京菜、淮扬菜应有尽有。各家酒楼都使出十八般武艺，以期食客青睐。

菜品设计自然是第一位要务。老上海的年夜饭有两类主要形式，一是"盆碗桌菜"。1939年，龙华路乾隆饭店以"故宫异味"的招幌开列年夜菜单。冷菜有一品鲜果、四冷花相，热菜是四鸳鸯炒、五大整菜、鸡绒鱼翅、香酥肥鸭、乾隆棋蹄、白雪童鸡、干烧活鲫，主食配了二色细点，道道诱人。老上海的另一类年夜饭采用火锅热涮，寓意红火吉祥。20世纪40年代，唐家湾太和园的年夜饭提供菊花火锅、品锅、暖锅等多档涮锅。配菜更是"豪横"，虾仁、鸡丁、猪排、冬笋、鱼头、全鸭，"海陆空"食材一律冠上"大盆"的威名，为宾客来年的丰衣足食"讨彩头"。

移民是近现代上海城市人口构成的主要特色。每逢佳节倍思亲，不少源出上海主要移民来源地的菜馆，纷纷借"乡愁牌"推销乡土菜年夜饭。拿和上海亲缘尤近的宁波举例，1936年，二马路（今九江路）甬帮菜馆点心世界，便借年节商机大搞营销。这家店先是设计了由宁式冷盘、鸡汁年糕汤构成的宁波土菜组合，让乡亲能在除夕夜便捷享用正宗甬菜。同时，点心世界又力推两款宁波人年节必尝的经典小吃——猪油汤圆和（梁湖）年糕。兜售猪油汤圆时，点心世界没有拘泥于地域旧俗，而是依循上海城市开放包容的品格，搞了个"土洋结合"——买猪油汤圆者附赠玫瑰花瓣一包，回去可烧出一碗香气扑鼻的"改良宁式点心"。

过年是中国人的大事，因而仅有丰盛菜品，尚不能满足消费者的心理祈愿。心思缜密的饮食业主自然深谙此道，他们绞尽脑汁，将菜品、餐饮服务包装得喜气洋洋。1935 年，冠生园饮食部会在餐后，给预定 6 元一桌高档年夜饭的顾客，按位赠送粤地名果新会甜橙。除夕吃橙子，象征新春心想事"橙"（成）。1944 年，泰山路（今淮海中路）冠乐大饭店特地定制了"发财元宝"，在除夕夜赠予食客，祝福他们新年财源滚滚。此外，冠乐大饭店还给年夜菜肴取了迎春"芳名"，并调用菜名寓意吆喝道："请吃笃定肉、泰山鸡，祝君笃定泰山过年！"

年夜饭吃的是菜，更是一种辞旧迎新的热闹、惬意、温馨。老上海的酒家为此花了不少心思，把年夜饭打造成精致、舒适的"文化大宴"。1931 年除夕夜，外滩黄金地段的汇中饭店，筹划了一场别出心裁的"狂欢年夜饭"。除在店用餐客人外，不吃年酒的消费者亦可交纳 2 元票钱，入场参加派对。活动场里人头攒动，笑声鼎沸。1944 年，康乐大酒楼特聘粤剧、滑稽戏、新派舞蹈演员，在除夕夜轮流登台，为年夜饭消费者助兴。康乐大酒楼的这一营销似乎效果不错。翌年除夕夜，该店继续延请艺人到店开演，想必捧场者众多。

除了堂食，老上海的酒家还为偏好传统在家过年的顾客，安排了体贴的成菜外卖。1945 年，老牌名店杏花楼设立"上门办宴"服务。相关广告推荐这是"名厨到府烹烩，便利简捷。侍者到府招待，舒适满意"！ 1947 年，福州路京华酒家推出年夜菜外卖，主顾按需点单，京华外送部会登门奉上加工好的年夜酒席、茶点。对于身处高度城市化空间的近现代上海市民，年夜饭这种出自农业社会的节庆项目，既有文化传统的主观吸引力，又确实存在城市生活节奏带来的客观压力。"送菜上门"很好地化解了老上海人内心的矛盾感——坐在家中和睦温馨的餐桌前，轻松享用现成美食，不违家风，不劳家人。上海的过去与未来，在此融洽相拥。

　　一顿年夜饭，一部"生意经"。上海这座城市就是如此，上海的城市魅力，何止于此。

年夜饭上合家欢

附录

后藤朝太郎的绍兴"醉游"

　　后藤朝太郎（1881—1945 年），是 20 世纪上半叶杰出的日本"中国通"，他一生数十次造访中国，足迹遍及大江南北、城市乡村，用敏锐的观察者眼光和细腻的文学家笔触，创作了 30 余部有关中国风土人情的日文著作，为大正、明治年间日本读者认识中国，提供了丰富的正面素材。后藤对中国风土人情的记述极富个性。浏览后藤传世的中国札记，江南风韵是其颇为钟情的景致。最近检阅他出版于 1936 年的代表性著作《中国民俗展望》(『支那民俗の展望』)，偶见其中一章以黄酒为线索，记叙了绍兴的城乡风光、产业交通，以及人文积淀。后藤为本章所拟的标题是"中国酒产地——绍兴"，我们不妨与他共举杯，相约一场水乡绍兴的如梦"醉游"。

　　落笔之始，后藤便讲述了令他印象深刻的绍兴郊外风貌——那里有一望无际的桑林，这是养蚕、缫丝、纺织产业链高度繁荣的形象写照。后藤记道："在桑田出现的地方，可以看到绸缎公司工厂排出的黑烟弥漫至高空，路边也随处可见以浙江绸缎公司名义修建的茶亭等休憩场所"。然而丝织工业的兴盛，并未使近代绍兴的景观由田园牧歌转向机械轰鸣。水乡的静谧、绵柔，仍是当时绍兴风光的主基调。后藤颇有感触，他接着谈道："在游览浙东的途中，我所见到的水田稻田却远胜于此。再加上此处山清水秀，水质优良，因而便以绍兴为中心，产出了闻名天下的'绍兴酒'，又称'绍酒'。"

后藤对凝结越地自然精华的绍酒很是仰慕，他毫不吝啬地赞美道："在中国大地上，绍兴酒名动天下，无人不知。分布于中国大江南北的酒楼自不必说，满洲甚至日本国内绍酒的饮用量也在逐年增加。在山东青州酒、山西汾酒、东北高粱酒等众多的中国酒中，绍兴酒尤得众人青睐……甚至有说法称绍酒可与景德镇陶瓷、无锡丝绸比肩，是样必须大书特书的中国特产。"在后藤看来，绍酒的核心优势是口感，他就此提供了个人的观点："青州酒、汾酒、高粱酒、五加皮酒等，论芳香醇厚终归不及绍兴酒"。与此同时，绍酒相对高度白酒等烈性酒饮的"温和"特性也令后藤赞许有加，他表示："绍酒度数低，饮用者不会酩酊大醉，饮后只觉身心舒畅，气息平和，这是值得夸赞的'酒德'。"

有别于许多同时代西方对中国酒文化报道的"纸上谈兵"，后藤极为重视实地走访、亲眼见证。他表态："若想去考察绍兴酒产业，就必须前往当地。"在当时的历史条件下，深入绍兴城乡对日本游历者而言绝非易事。后藤批评说："（日驻沪）领事馆很少愿意主动派出向导，甚至多数时候他们会摆出一副'最好不要过来'的样子。如此敷衍，根本无法促成绍酒考察。"谈及远赴绍兴探访的不易，后藤也表达了对农学博士山崎百治的感佩。20 世纪 20 年代，山崎克服各种困难来到绍兴，调查了绍酒酿造工艺。1924 年，山崎在当时影响甚巨的中国学专业刊物——《中国研究》(『支那研究』)上发表了调研成果《中国产发酵菌类及其制品研究：绍兴酒》(『支那産醗酵菌類及醗酵製品の研究——紹興酒』)，这篇文献成为了后来很长一段时间内日本酿酒业认知绍酒的权威、重要参考。后藤在文章里致敬山崎，除却尊重前辈的道德动机，其实也暗含着效仿其行的励志之情。

怀揣着一颗刨根问底的诚心，后藤多次造访绍兴城。初到越地，眼前的城市景象让后藤深感震撼："城内外随处都是气派的绍酒酿造工场，漫步绍兴城内，你经常能够看到这种大型建筑，而且立马就能推测出这是酿酒工场。"随后，后藤又注意到了绍兴城的交通地情，他描述绍兴的空间禀赋是"北连上海，南通宁波，是故可以利用这两座城市的外贸港口"。紧承这条"总论"，后藤又荡开几笔，分析了绍兴发展铁路事业的重要意义，他分析道："绍兴作为连接西兴（杭州）和百官（宁波）的大城市，铺设铁路带来的交通便利性自是不必多言。"由此在后藤的观点里，沪杭甬铁路的跨曹娥江、钱塘江桥梁工程也就显得尤为重要——倘能实现"双通"，绍兴必将迎来一连串的跨越式发展。

然而，回归后藤旅行的"初心"——绍酒来看绍兴陆路运输，似乎"铁路振兴"逻辑并不那么绝对。毕竟"以水为城"才是绍兴乃至浙东的最大地域特色。后藤引领读者想象了陆路运输绍酒的尴尬场面："如果采用陆运方式使用货车运输绍酒会怎样呢？货车搬运会产生晃动，这会影响绍酒的品质。此外，因为酒壶都是由泥土烧制而成，如果条件允许，理想状态是借助船走水路慢慢运输，而

1935 年《东南大观》上的绍兴东浦出产黄酒

民国年间的绍兴酒坛

后藤朝太郎像

标准绍酒

越

国产酒适合国人体质
醜赠宴客係至上极品
王赐醪　君子饮
酎
送货部电话九二一八八路马四同宝泰绍酒店
民国元年珍藏
民国卅年贡献
凭报发行
伊始
九折

1941 年《新闻报》上的绍酒广告

不是走陆路。"由此引申开来，后藤解读了绍兴乃至整个浙东地区的水运传统："事实上浙东水乡多运河，各个城市主要靠船舶来集散物资。我曾观察过流经萧山的运河，并几度往返其间，眺望满载着绍酒等货物的民船联通四方。我也曾目睹各个码头装卸船货，从中窥见了绍酒交易的繁荣。我还有过乘车走陆路游览曹娥、绍兴的经历，并自驾往返于绍兴至钱塘江畔之间。不可思议的是，路上几乎看不见来往的行人马匹，只有漫无边际的茫茫野草。偶尔能听到成群的乌鸦在附近嬉闹"。伴着浙东运河上绵绵不绝的船棹余音，后藤对他所见的绍兴水运景观总结道："这可能是因为在浙东大地上，船运极大地便利了当地人的生活，并且走水路的运输成本更为低廉吧！"

让后藤大感震撼的，不只是绍兴的繁忙水运。浙东运河上往还的绍酒运输船，亦令他啧啧不已："运送绍酒的船只以五彩点缀，图案千姿百态，绚丽夺目，看着颇具匠心。船只通体饰以五彩。论起描绘手法，绚丽却又不失庄重。装点精致的货船满载着绘有童子、花卉图案的酒坛徐徐前行，桨声轻悄，那场景就如同一幅画卷。绍兴是一个文采风流胜地，每寸土都诉说着无尽的风流韵事。正因此，船来船往送绍酒的景象，总引得我寄情翰墨。"在《中国民俗展望》里，后藤将五彩斑斓的运酒船推举为"最令我怀念的"绍兴风物之一，足见这类人文地理景致在他心目中的分量。

后藤对绍兴的另一重深刻印象，是绍兴的"水"。但这里的所谓的"水"，超脱了自然水流。后藤所赞许的，更多是绍兴的风光水秀和似水文脉。后藤对绍兴的文脉着墨不少，也产出了许多富有诗情的论点："日本人能通过《兰亭集序》一睹东晋王羲之'曲水流觞'宴的风光，但是我们当中很少有人知道这个兰亭，就坐落在美酒胜地——绍兴城附近。把酒和兰亭故事放在一起酝酿，应该别有一番意趣吧！"在《中国民俗展望》的章节末尾，后藤真情流露地写道："中国的水景既可像内陆地区，譬如四川三峡那样，给人以壮阔沉重之感，亦可呈现出迥然的另一面。譬如浙东的水，就能予人宁静。那里流水清澈，水源丰富，不见浊流。随处可见长满青苔的石头牌楼，鳞次栉比地排列着。那里风雅之士多如繁星，民风自然淳朴，大有武陵'桃花源'般的遗风"。面对处处有"水"的梦幻风情，后藤若有所思地说道："正是上述诸多要素的融合，才会酿造出绍酒，这款恰到好处的芳醇美酒吧！"

　　近现代历史上，来自日本的学者、旅行家留下了为数众多的绍兴自然、人文田野手记。但是能够像后藤朝太郎一般，既呈现"事实"，又深悟"诗情"的著述，确属罕见。后藤用绍兴最富地域标志性的物产——黄酒润笔，绘就了一幅远、中、近景皆备的浙东水乡画卷，这段存于东瀛的江南印记，应为我们所知、所识。

（执笔：邹赜韬、龚丽丽）

东瀛的绍兴印记

"下饭"不简单：雪菜与梅干菜的百年逸事

如果要选出江南人稍将就些，便能狼吞虎咽白米饭的小菜，那么众望所归的获选者，大概率是咸丝丝、香喷喷的本地腌菜。腌菜之于江南民间饮食，好比辣椒花椒之于当代川渝小菜。而在江南千姿百态的腌菜世界里，雪菜与梅干菜，又是受欢迎程度极高的两种。在与江南百姓日夜相伴的漫长过程中，五花八门的雪菜、梅干菜"粗料精吃"食谱也相继衍生出来。千万莫要小看了这两种"遍地皆是"的江南民间"下饭菜"，它们可不简单。

踏雪而来的雪菜

雪菜名称中的雪，主要指其原料蔬菜雪里蕻。这个略有些诗意的咸菜名也暗示了它产出的季节——小雪节气。1929 年，《国闻周报》记者在乡间走访时发现："江浙两省居民，每年到了小雪前后，家家都忙着腌菜"，引文中提到的腌菜就包括了雪里蕻腌成的雪菜。在百年前的许多江南村落，冬腌雪菜可是一件热火朝天的要紧事。1934年，《上海报》称对海州（今江苏连云港）乡农而言，大有"一年四季在于冬"之态："每年到了小雪前后，各家争购菜盐，唯虞不及，一时'腌菜，腌菜'的声浪，无处不喧嚣于耳鼓。而业菜园者，亦以此时为最活跃，收入之丰，任何时均不能及。"

腌制雪菜的"主角"雪里蕻，是江南沃土上播种甚广的"平民蔬菜"。一般而言，用于腌制雪菜的均是秋播那一批的雪里蕻。1935年，《农友》月刊概述了江南地区秋播雪里蕻的种植情形："江浙地方，可在九月下旬至十月上旬播种，播种后五六十日俱可采收"。雪里蕻，完全称得上一种与生俱来的"可腌之材"。1936年，一位懂行的《铁报》主笔介绍：雪里蕻"酸、脆、鲜，一身而兼三绝"。但这种菜"性情倔傲"，若不加腌制"调教"，总会显得涩辣难耐——1939年，《新闻报》所刊文章就此解说道：雪里蕻"味稍带辛辣，故每以盐腌食，减其辛辣，而味益觉可口"。

雪菜成品的高下固然与腌制是否得法有关。然而一坛可口的雪菜，最根本还是要仰仗原材料的品质精良。怎样才能栽种出宜于腌制的优良雪里蕻？1937年，《铁报》某作者提供了若干地方经验："菜市里所买的，并不是十足道地的雪里红。尤其在北方，应为种植与腌藏的不得法，味亦稍逊。按吾乡的种法，是分植的，每隔一尺远近种一颗。故至成熟时，每颗有一斤以外的沉重，含水分极少。北方的种法，笔者虽不曾到田际去实地观察过，由菜上推想，大概与吾乡有些不同"。由此可知，菜种、种法，皆是雪菜成品优劣的直接影响因素。

　　欲求得上品雪菜，还须在上乘雪里蕻鲜菜里精挑细选一番。1936 年，《铁报》胪列出了雪菜原材标准："肥大、整齐，没有虫叶，叶色嫩绿"。当然，在借雪菜下饭的普通江南百姓中间，雪菜原料也完全可以不必那么考究。1936 年，《礼拜六》周刊谈到了平民日常食用雪菜的择菜习惯："大的菜腌出来老一些，小的菜腌出来，其味清嫩。不过，普通人家因为小菜价贵，腌好了不能搁得过分长久。大的菜，本来是'腌坯'，价值较贱，并且腌久以后变为淡黄颜色，其味略酸，更为可口。所以都舍小菜而腌大菜。"

　　百年前的江南人很擅长运用雪菜烹制各色美食。1936 年，《礼拜六》周刊以南京、绍兴两地情况为例谈道："南京人以腌菜和猪肉火腿，或烧鸭煨汤。绍兴人以腌菜加上虾米若干、开水若干，放在饭锅上蒸而食之"。雪菜虽是朴实的大众素菜，却颇可"点化"各类荤食，与"大鱼大肉"联袂入锅，给食客们献上一道道"鲜掉眉毛"的菜肴。1919 年，《家庭常识》杂志提供了一道"雪里蕻卤炖鸡蛋"菜谱："用鸡蛋两个，去其壳，将黄与白打透，加入雪里蕻卤一酒杯、清水一茶杯，置饭锅中炖之"。1941 年，《现代家庭》杂志又推介了一道"雪菜煨肉"，其做法是"取半精半肥的五花肉洗净，投入油锅中煎之。煎半斤肉，至少须用一斤油。煎至肉色焦黄、肉皮起满泡时取出，放在冷水中浸之使软。再切成小块，然后加适量之酒、糖、酱油、味精等和在雪菜内煮之，熟透即成"。

　　提到江南人的雪菜"痴情"，就必须谈谈宁波人的雪菜"乡恋"。1959年，《宁波大众》在赞许邱隘咸菜时，援引了一联流传甚广的宁波饮食民谚："三日不吃咸菜汤，脚骨有些酸汪汪。"这句老话，生动演绎了雪菜在宁波地方传统饮食中的非凡意义。1957年元旦，《宁波大众》刊文称咸菜是宁波地方菜系——甬菜的重要调味、增鲜原料："泡汤吃的，如咸菜肉丝汤、咸菜开洋汤，味道鲜美。炒炒吃的，如咸菜猪肝、咸菜什烩，味道清脆。炖炖吃的，如咸菜黄鱼、咸菜大胖头，味道浓厚。做汤是用梗子，梗子多汁，汤味就鲜。炖炖吃的多用叶子，拌着油腻，味道就浓厚。炒炒吃的梗、叶都用，吃来清脆。"除此之外，传统宁波老百姓常吃的"小菜"里，又有咸菜汤、咸菜拌豆腐、咸菜拌五香茶干丁等经典吃法，甬城民众百吃不厌。

雪菜还通过其风味精华——菜卤，造就了一种"毁誉参半"的地方特色美食——江南臭豆腐。1926年，《新闻报·本埠附刊》谈及了雪菜卤的奥妙与其浸出臭豆腐的风味蜕变："菜卤以雪里蕻腌者为最美，芥菜腌者次之。若于春笋上市时，切去其头，投入卤内，则因笋之鲜味，渐行同化，味亦更美。菜卤藏至夏季，每患生蛆，故宜密盖，以免蝇类传子于其内。又为除去毒菌起见，常以烧红之火钳掷其中，或浸后之物，上锅炖时，用银针试之。"炎炎夏日正是臭豆腐等雪菜卤"副产品"闪亮登场的时刻。《新闻报·本埠附刊》的那篇文章接着谈道：雪菜卤"浸后之物，多以'臭'名之，有臭毛豆、臭百叶等"，其浸泡要领是"先盛于布袋之内，浸约及二日夜，取出略洗"。如此操作得到的臭豆腐异味浓郁却又满是鲜香，实在惹人垂涎三尺。

1933 年《福尔摩斯》杂志上
的雪菜广告

1936 年《世界晨报》上的雪菜广告

1937 年《光明》杂志上的腌咸菜场景

干菜香自春寒来

残雪渐消，地气回暖，初春的江南，生机渐渐活跃起来。此时，在浙东乡间，一种芥菜加工成的美味腌菜——梅干菜，也伴着春天的脚步，来到了水乡人家的院前屋后。

滋味虽好，求得极难。直到晚近的 20 世纪 30 年代，梅干菜还多是江南百姓自制自食的"私房菜"。1934 年版《越游便览》透露："绍兴居民，什九自制，不易购得，惟曹娥一处有售。"不过，"小众"的梅干菜在外的芳名并不小。1947 年，《群报》毫不吝啬地夸奖称"绍兴有两种名产：一种即全国闻名之绍酒，其一即梅干菜。"能与当年"国酒"绍黄相提并论，足见绍兴梅干菜在江南其他地区食客心目中的沉甸甸分量。

1927 年，《时事新报》公开了绍兴地区"老底子"梅干菜的制作"秘方"："先将芥菜置如燥非燥之泥地，不透日光。俟菜稍黄后，则洗去污浊。是时宜将菜叶分开，晒在日光下。略干后，即用刀切成，后再晒。晒时宜注意太阳力之强弱与否。太阳力强，则晒二日，太阳力弱，须晒三日。此时菜之四分之三，已变为淡黄色。且菜之水质，大半为日光所吸。然后放于浅而圆之木桶内，尽力反复揉按。以盐与菜和合，盐之多少，则视菜之多少而定，大概占菜十分之二。揉按后即移置于巨缸内。缸口宜大，压以石块。数日后即有菜露。更数日后，晒干于日光下"，至此方才圆满收工。

1958 年，浙江省供销合作社副食品经营管理处编纂的《副食品商品常识》指出：绍兴各县所出产的梅干菜，又以萧山梅干菜为最优。萧山地区出品的梅干菜，按制作工艺、原料选用，可划出"短干菜"与"长吊菜"两类。其中"短干菜"多用"八仙芥"及"鸡冠芥"这两类芥菜，而"大叶芥"则往往会被做成"长吊菜"。上引《时事新报》的工艺描述，针对的便是"短干菜"。《副食品商品常识》还提到，当时萧山农民在储藏梅干菜方面亦很有心得："通常放在坛或缸内，可免香气发散或受潮"。

过去的江南素食主义者、斋戒者，大多将梅干菜视若珍宝。1928 年，《国货评论刊》文章《绍兴干菜之制法及用途》考述道："斋者煮豆腐及治汤，以及制各种素馔，莫不相宜，且可省去酱油。菜佳者，较置味精尤胜，是以佛教中人多嗜之。若以干菜煮肉，虽经一星期不致变味。平居无事，以干菜心消闲，亦极有益。多年陈干菜煎汤代茶，可保喉音之常润，越地剧界及宣卷者多饮之。"当然了，梅干菜的"保健效果"因人而异，不可盲目照搬以前的"个性化方案"。

当然，梅干菜的顶级美味释放，终归还是要靠油腻的肉来提供相称的丰腴。肉与梅干菜相辅相成，一个汲取了清香的菜汁，一个吸饱了浓香的肉脂，微妙而绝美的平衡，就此达成。梅干菜蒸肉，是百年前江南梅干菜"荤食"的最杰出代表。1939 年，《现代家庭》月刊记载了当年江南地区干菜肉的大致情况："海上弄堂饭店，及常熟馆、无锡馆、湖州馆，都有'干菜肉'一色"。较为地道的精致做法是："以陈至二、三年或三、五年——七、八年者愈佳之干菜，切成细末。别将肥瘦兼全之猪肉，煮成'白切肉'，不宜生硬，亦忌过烂。然后拌入干菜屑，隔汤蒸之，蒸至肉烂，即成美味。倘厌隔汤蒸麻烦，则就饭锅，于'还饭火'时热之。一日不烂，继至二日、三日，五、六日，至烂为度。此种干菜肉，味腴色浓、肥处晶莹，瘦处松烂。"

　　梅干菜之于绍兴百姓，恰似上面提到的雪菜与宁波民众之联系。1934年，《食品界》周刊详细记录了绍兴民间的梅干菜食俗："干菜是绍兴最普遍的家常菜，不论贫富，家家皆备的。干菜的吃法极多，最经济而便当的，只需把干菜切细，在饭锅上一蒸，浇点麻油，就非常香嫩可口。"《食品界》主笔还记叙了绍兴人对一道"干菜鸭"的迷恋。"干菜鸭"，是河网密布、养鸭兴盛的绍兴地区颇为流行的一道"家乡菜"。1930年，上海《大常识》杂志披露了绍兴地区流行的"梅干菜制鸭"的食谱："最肥之鸭，去毛洗净，挖一孔。然后将腹内各物取出，入上好梅干菜。先以猪油下锅滚透，然后将鸭入内烹之。至红熟取起，将外皮剥去，切肉食之。"鸭子味颇独特，素来是块令诸多世界名厨慎之又慎、避之不及的"雷区"。而在绍兴梅干菜的精心调和下，难被"驯服"的烧鸭竟然那么的油而不腻、香气四溢，谁能说暗淡深褐的梅干菜不是一样食界"奇物"呢？

江南咸菜逸事

别开生"面"：浸在汤面碗里的秀气苏南

在中国，以小麦面食为主的省份主要集中在华北、西北。即便如此，若给中国各地大众面食的精致程度做个排行，恐怕终日与面团打交道的北方"汉子"们，完全招架不住来自东南水乡、大米饮食圈的，江南"姑娘"们的细致入微。而最有资格代表江南面食"露脸"的，无疑要数苏南地区品类繁多的汤面。慢慢呷一口汤，轻轻咀一块浇头，让劲道爽滑的面条在口腔中渐次释放浓醇的料香，这般美好体验是江南人的心头好，也是他们植根本土的美味基因。

近现代苏南地区颇负盛名的一碗面，还要属冠以"昆山"之名的鸭面。顾名思义，鸭面的主要食料是鸭子和面。当然，把"考究"二字融入日常生活基因的苏南民众，并未将鸭面的美味边际，限定在鸭身上。1948年，《大锡报》的饮食民俗文章就昆山一派鸭面的经典做法介绍道："面很细，辅上一碗略带淡绿色的清鸭汤，盛在一只大碗里，倒也别有风味。面浇并不放在面上，而是现成装在盆子里的。只要叫上一声'鸭面'，这盆子便先于面来。如果是两个人，大约是两个盆子，一鸭一鱼。三四个人的话，就有三个盆子，为二鸭一鱼，每盆均为四块。"

　　昆山固然是百年前苏帮鸭面的"旗舰"，但"随航"的其他面，亦是精彩纷呈。苏州甪直镇就有一款"燠鸭大面"，1926 年《大世界》记称"燠鸭大面，是甪直镇上有名食品之一。鸭浇是红烧，冷冻而过桥的。吃时把饺头和冻水，放入面中，非常鲜美"。到了1946 年，上海《快活林》周刊又总结了苏南三地所出鸭面的各自讲求与风味特征：丹阳的鸭面重视肉料，"鸭浇面，只用两腿，别的都割掉作为别用。"昆山的经典鸭面关注汤汁，"用胸次的肉，为了是原汤，所以滋味特别的鲜美"。而那时苏州的卤鸭面烹饪方法是"红烧，没有浓厚的卤汁"。

　　在近现代昆山，鸭面是一门招财进宝的"大生意"。1934 年，《申报》记载："昆山的面馆，统计起来，约有十多处。一过夏天，新鸭上市，无不生意隆隆，坐客常满"。更有为一碗鸭面而"痴狂"的食客，会追着鸭面的香气，定期赶赴昆山尝鲜。1938 年，《社会日报》某主笔坦白：战前他"每个月总得到昆一次，为的是这鸭子面条"。昆山鸭面生意虽大、虽多，但在本地人眼里，滋味最优的鸭面，还是要到一些游客不怎么"看得上眼"的小摊里，才有机会享用得到。1935 年，《金刚钻》撰稿人获悉："按昆山本地人说，昆山城里，有两片最出名的面馆，味道最好。一片叫肮脏馆，一片叫平常馆。这'肮脏'与'平常'，大概是指地方不太好而言。"

　　蹄髈面，也是考验苏帮面馆师傅水准高下的"试金石"。1937 年，《世界晨报》的某记者谈及苏州蹄髈面的经营状态：繁华的观前街聚集了许多声名在外的面馆。蹄髈面是这条街上各家面馆共同的招牌,有的面馆"底气"足,一天限定只发售一百碗蹄髈面,去晚了就无福享受。记者评价观前街面馆里的蹄髈面"蹄髈烂而肥,入口而化,其味略甜,最适合于苏州人胃口。所以不论雨雪天,也都卖得不剩"。

如果嫌蹄髈面终归有些腻口,那么,在烈日炙烤下的夏季苏南,你还可以点一碗能够带来丝丝清凉的素面。1937 年,《世界晨报》在介绍苏帮面时指出:"夏季里,除了以面筋作浇的素面而外,尚有一种'白汤'面。这肉是用葱末和炒米一起煮的,因为不是红烧,只用清汤,这肉也就马虎用次货了。"

即使最受欢迎的鸭面、青鱼爆鱼面、蹄髈面,令你感到有些吃厌了,不要担心,苏帮面还有其他的美味选项可供你垂涎三尺。不少相对"小众"的浇头,都来自水乡的溪流河湖——三虾面、鳝丝面、刀鱼面是最具诱惑力的 3 种。下面不妨就来见识一番三虾面、刀鱼面的韵味。

1935 年,《晶报》一位作者揭开了百年前苏州三虾面的面纱:"所谓三虾面者,系虾仁、虾子、虾脑,三物下面,其鲜可想。虾仁一物,各处都有,无足为异。虾子亦在初夏繁生,苏人有以之熬酱油者。至于虾脑,向均连壳弃去,而今独剥出,亦成为美味。"作者还提到,当时苏州地区三虾面做得最好的,是一家名叫"丹凤楼"的徽菜馆,而本地的一些苏帮菜馆,却并无三虾面出售。或许这碗三虾面背后,还藏着一段鲜为人知的跨地域美食融合史?

刀鱼面的浇头内料,常常"来无影去无踪",让不谙其妙的初尝者摸不着头脑。1937 年,《晶报》文章记述了某上海食客首尝刀

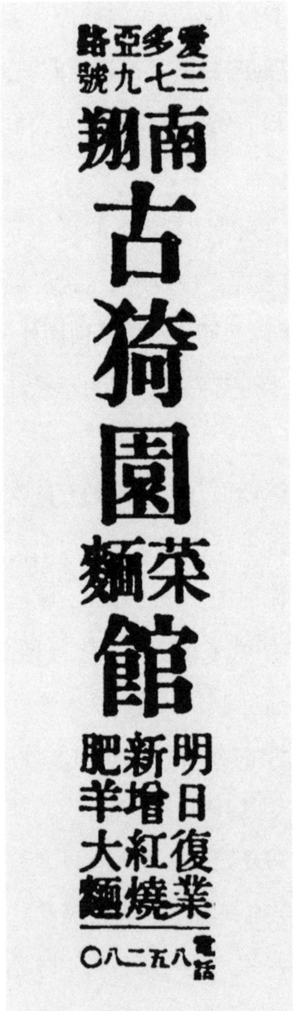

1940年《新闻报》上的苏式面馆广告

1940年《新闻报》上的昆山鸭面广告

鱼面时的困惑——"见面不见鱼"。这位文人所尝的刀鱼面运用了正宗的江阴本地做法："以刀鱼和入面中，是江阴食法也，挑面尝之，果有刀鱼味，鲜腴可口。"1938 年，《锡报》更进一步解释了刀鱼面"见面不见鱼"的缘由："刀鱼最娇嫩，撇去了骨，鱼肉变成糯糊，把面和在一起，就只见面，不见鱼了。"如今上海老字号老半斋的刀鱼面还保留着这份传统。

刀鱼面的神奇之处，不只在于"无形"，也因锁住鲜味的需求，对烹饪加工过程的"快"，提出了极高要求。1939 年，《家庭》月刊评析了刀鱼面制作"速战速决"的奥妙："捞面的时候，刀鱼也应该完成烹调的手续"。具体步骤是"面未曾投入沸水中以前，即应将韭菜放入刀鱼锅中，略煮片刻，便将韭菜盛出，放在另一碗内勿用，仅留少许在锅内，使作为刀鱼的点缀。取小瓷盆一只，即将鱼盛放盆内，汤内略加预先调就的菱粉少许。待再沸，加入已经熬熟的猪油一匙，速倾于盆内。烹调时手续宜快，否则汤一煮干，鱼便无味。当鱼盛入盆中时，面条大概已经捞在碗中，可以和鱼一同供食了"。

因为热爱，苏南民众给一碗简简单单的汤面，安排了名目繁多的组合搭配。1946 年，《苏州明报》对苏帮面界的地方"术语"，做了集中名词解释：肉面里的肉，有"改瘦"——"肉要瘦些"，硬表——"肉要壮些"，"硬表大精头"——"肉要肥瘦适中分开"等数种细类。摆在面上的鱼，又有"肚档"——"肚皮部分"，"甩水"——"鱼尾巴"，"鱼眷"——"鱼鳍部分"等三种划分。无论何种原料做成的浇头，到了寒风瑟瑟的冬季，都可选择"底浇"，即"浇头放面下面,冬天可以热点"。就连汤底和调味作料,都有细致、明确的区分体系。汤,有"多些"的"宽汤"和与之相对的"紧汤"。多要或不要加青蒜,又划分出了"重青""免青"两类。或许唯有时常光顾的老食客,方能对苏南面条的复杂知识做到了然于胸吧?

先前的章节已介绍过,在隆冬季节的苏州,夜里喝羊汤、吃羊肉面是老饕们热衷的一件美事。类似的场景,也发生在百年前的无锡。不过无锡人并非在冬夜里以羊肉面大快朵颐,他们的面条夜生活,纵贯一年四季,横跨各色面条。1948 年,《大风报》文章报道了无锡面摊夜市的繁荣景象:"夜面摊的营业时间,大致都在每夜八时至(翌日)一时左右,最迟的甚至要到三点钟后才告收摊。光复门外的马路区,是无锡夜市最兴旺的地方,因此夜面摊的生意,便应运而盛,五步一摊,摊摊客满。"

苏州人一向为家乡面条的丰富精巧而深感自豪。1947 年,《苏州明报》记者就不吝夸赞地写道:"苏州人对于小吃,不能算不讲究。譬如上馆子吃炒面,一定要'两面黄'。吃蹄髈面,一定要轻骨加红油"。在他眼里,苏帮面全然是苏南,乃至江南民间精致饮食传统的杰出代表。而苏南各类汤面,也随着人口流动,走进了繁华大上海。1925 年,《时事新报》新闻主笔观察到:"沪上面馆,皆系苏帮"。独霸四方荟萃的上海滩,这,足以证明苏帮面非同凡响吧!

精致美味苏帮面

后 记

　　日常生活中，我是个对吃饭不太"敏感"的人。每日晨起，母亲问我"今天想吃什么"，多数时候，我会礼貌而无措地答以"谢谢，随便什么都行"。平时出门办事，如要在外觅食果腹，我经常图方便，也为求稳妥，选择一些相对熟悉的汉堡、盖饭、面条品牌店"速战速决"。

　　然而，在日常生活里，我又经常会被餐盘里、眼面前朴素的食物所深深吸引，继而思绪飘飞。虽然畏于潜在的"健康风险"，我始终与"地摊小吃"保持距离。但每到一处学习、开会、旅行，我都会在当地小吃摊前停驻，探一探、嗅一嗅独属于那里的烟火气息。有些时候，我对送入口腹里的食物分外"敏感"：早上冲水喝的蜂蜜，是什么花"孕育"出来的？中午蒸饭的紫薯、薏米、糙米、鹰嘴豆，分别来自哪片土地？奶泡丰盈的醒脑咖啡，走过了怎样蜿蜒曲折的风味发展历史，而一头奶牛背后的环境正义，又与我饮用咖啡的习惯有哪些关联？咀嚼过程中，这些食物"外部问题"，常常浮现在我的脑海中，久久不能散去。

　　或许，朴实与沉思，是我与生俱来的两种"食性"。我想这种有关吃的性格特征，也不知不觉地影响了我的饮食历史写作。

朴实，令我更倾向于为腊肉、枇杷、苹果、藕粉、火锅、年糕、臭豆腐等"普通食物"立传。比起那些还没端到桌前，就教人"垂涎欲滴""两眼放光"的"高端珍馐"，我更流连于邻家主妇手中、街头巷尾吆喝着的民间味道。烟火在人间，人间最烟火。平民百姓缔造与享用的民间饮食，简而不陋、粗而不糙，是一个时代与一块多情的土地，联手投下的人文光影。人们的家园情怀与文化认同，寓托其间，绵绵不绝。

沉思，使我在凝视某样食品时悦纳的美食世界，超出了餐厅与桌台。那是天与地之间的辽阔、古与今之间的长远。饮食历史重构的历史饮食，许多还在我身边投下影子，也有很多，驻在了我无力抵达的地方、无从驶抵的过往。也正是因此，我对着面前餐食的"格物"，时常是个体经验与无限知识的对话、接榫。它让我越发感到自己对三餐的"日用而不知"，更愈来愈激起我内心深处，对平凡饮食各自独特历史的强烈好奇。这股源自求知与"好吃"双重本能的好奇心，促使我在赞叹某样食物色香味的同时，会留心求索它背后的农事活动、贩运流通、民俗文化、延伸产品。我愿将自己心目中的饮食历史，冠以"大食品史"这个名目。这里的"大"，并非食物种类之多，或说所涉地域之广，而是就食物的"生命史"而言的——从田间地头到餐桌盘中，食物经历了各个环节、各种人员、各色文化的共同接触，我感到有必要、也因此立志，将食物的故事，还原到它与人类历史的波浪形交缠中去体察。

朴实与沉思的食性，就这样慢慢地、渐渐地推动着我，完成了这本不算厚重，却寄托着我对食物、对江南、对百姓家常殷殷深情的小书。小书所设各章节，最早成稿于 2020 年中，而晚些写就的，则是伴着小书辑录落笔的。我要特别感激师友们的关怀敦促，很庆幸在良师益友以及诸位批判者的鞭策指导下，小书这条"长战线"没有半途而废。很庆幸，这本粗糙浅显的小书，有幸得到了上海社会科学院出版社，尤其是责任编辑章斯睿老师的信任、支持，能够幸运地接受更多读者朋友的审视，拥抱更多饮食民俗、江南风物爱好者的思想交流。在这里，我还要由衷感谢松重丰先生主演的系列连续剧《孤独的美食家》。有时候读书、写作感到疲乏，我会点开视频软件，拜会拜会那位显然比我懂吃许多的"五郎"先生。有时候我会隐隐感到，我身上有些"五郎"先生的影子，虽然他是在大快朵颐中专注滋味，我是在细嚼慢咽里神游遄飞，但同是单身无伴侣的"好吃"之人，我对他那些思绪，确实感同身受。

　　小书一些章节的部分内容，曾在澎湃新闻·私家地理栏目、澎湃新闻·私家历史栏目、《中国食品报》、中国网"文化中国"频道、文汇客户端、《城市地理》杂志、《宁波日报》、《杭州文史》杂志、《宁波档案》杂志、Sixth Tone（第六声）客户端等平台上发表。编入书中时，均作了一定篇幅的史料补充调整、线索整合梳理、错讹订正改写等"再加工"。为此，我要衷心感谢各位编辑老师的专心、悉心指导。本书出版，得到宁波市镇海区文化精品创作扶持项目"百年'食'事"的资助，特此鸣谢。

　　我的慈湖学妹、插画师俞茹茜女士，精心为本书各章及装帧部分，创作了民俗风物配图。插画中的部分细节，是我们参照历史影像资料，特别是农村、街头摄影，还有近代饮食主题漫画，推敲确定的。感谢俞学妹的辛勤付出，亦要向上海社会科学院出版社美术编辑黄婧昉老师的耐心指导，谨表谢忱。本书辑封使用了范左宜贤妹赐下的墨宝，我要由衷感谢她在百忙中反复琢磨，最终呈现出理想效果。

　　此次小书结集付梓，有幸得到诸多前辈、学友的无私关怀、大力扶持。然而，憾于篇幅限制，这里不能逐位恭录尊名。在此，我要郑重地向所有鼓励、督促小书写作与出版工作的师友们，表达最为诚挚的感谢，您的教诲恩情，暆韬谨记在心。

　　感恩读书，感恩食物，感恩写作。

　　感恩历史中的他们、书页前的你们。

郐暆韬

2022 年 12 月 18 日

浙江宁波

图书在版编目（CIP）数据

江南烟火 ：有滋有味的百年民间饮食 / 邹赜韬著
.— 上海 ：上海社会科学院出版社，2023
ISBN 978-7-5520-4128-6

Ⅰ.①江… Ⅱ.①邹… Ⅲ.①饮食—文化史—长江三
角洲—近代 Ⅳ.①TS971.202.5

中国国家版本馆CIP数据核字（2023）第092746号

江南烟火
——有滋有味的百年民间饮食

著　　者：邹赜韬
责任编辑：章斯睿
封面设计：黄婧昉
出版发行：上海社会科学院出版社
　　　　　上海顺昌路622号　邮编200025
　　　　　电话总机021-63315947　销售热线021-53063735
　　　　　http://www.sassp.cn　E-mail: sassp@sassp.cn
排　　版：南京展望文化发展有限公司
印　　刷：上海盛通时代印刷有限公司
开　　本：890毫米×1240毫米　1/32
印　　张：10.25
插　　页：4
字　　数：231千
版　　次：2023年7月第1版　　2023年12月第2次印刷

ISBN 978-7-5520-4128-6/TS・016　　　　　定价：68.00元